The Power of Inner Peace

心静的力量

[美] 拿破仑·希尔(Napoleon Hill)◎著
李慧泉◎译

江西美术出版社
JIANGXI FINE ARTS PUBLISHING HOUSE

图书在版编目（CIP）数据

心静的力量 /（美）拿破仑·希尔（Napoleon Hill）著；李慧泉译．-- 南昌：江西美术出版社，2017.5（2019.5 重印）
ISBN 978-7-5480-4323-2

Ⅰ．①心… Ⅱ．①拿… ②李… Ⅲ．①成功心理—通俗读物 Ⅳ．① B848.4-49

中国版本图书馆 CIP 数据核字（2017）第 033449 号

出 品 人：周建森
企　　划：北京江美长风文化传播有限公司
策　　划：北京兴盛乐书刊发行有限责任公司
责任编辑：王国栋　楚天顺　李小勇
版式设计：曹　敏
责任印制：谭　勋

心静的力量

作　　者：（美）拿破仑·希尔
译　　者：李慧泉

出　　版：江西美术出版社
社　　址：南昌市子安路 66 号江美大厦
网　　址：http：//www.jxfinearts.com
电子信箱：jxms@jxfinearts.com
电　　话：010-82093808　　0791-86566124
邮　　编：330025
经　　销：全国新华书店
印　　刷：保定市西城胶印有限公司
版　　次：2017 年 5 月第 1 版
印　　次：2019 年 5 月第 2 次印刷
开　　本：880mm × 1280mm　1/32
印　　张：7
I S B N：978-7-5480-4323-2
定　　价：26.80 元

本书法律顾问：江西豫章律师事务所　晏辉律师

前言
Preface

拿破仑·希尔是全世界有名的成功学大师。他出身寒门，贫穷过，富有过，成功过，失败过，离过婚，遭过暗杀，被人遗忘过，被人诬陷过……最辉煌的时候出任过美国总统顾问，最低谷的时候65岁竟然成了穷光蛋，无论强大还是低谷，他都没有放弃对梦想的追求。终于找到了人们梦寐以求的人生真谛——如何才能成功。他之所以能有这样的传奇人生，结合他的著述，不难看出，重要的是他有一颗无论在什么情况下都能冷静分析的大脑，无论面临多么大的困难都能找到构筑成功的经验，其分量可想而知！

每个人最初的改变都是通过思考分析，由内心开始的，拿破仑·希尔的成功学的核心思想也是如此。他告诉我们，想达到什么样的目标，只要你能够先让心静下来，就能够找到方法。因为静心，是养成好习惯的开始，静心是专注的前提条件，静心是反省自己的顿悟，静心是改变自己的萌芽，静心也必然是成功的缘起。在本书中我们主要收集拿破仑·希尔涉及以上所说的各个方面的文章汇编而成。这些文章解说由“静心”而变得内心充实的内涵，也总结出如何静心的方法，教读者从哪些方面，如何去做，才能够获得更大的成功、富有。而且针对现代人所面临的烦恼和困惑、各种压力、无数两难的抉择，等等，本书都给出了分析和解答，促使每一个读者由心而始，达成梦想，让人生变得更美好！

本书是根据全世界最早的成功学大师拿破仑·希尔有关从内心寻找获得成功动力的文章，编撰而成。这里面有他拜访几百个成功人士后，总结而来的智慧经验，是他引导全球数亿读者改变命运获得成功的指南。

目录
Contents

辑一 可以卑微，但不能失去内心的平静

辑二　以极简的心态，活出生命的宽度

辑三　控制情绪，才能不过低配的人生

辑一

可以卑微，但不能失去内心的平静

成功的人都有一套改变思路的方法

人生最大的弱点就是常常过快地说出“不可能”。对于说这种话的人而言，最保险的方式好像就是“不可行”。

阿尔伯特·爱因斯坦曾被问及他是如何发现“相对论”的。他的回答是：“我对一个不可辩驳的原理提出了质疑。”朋友们，请把“不可能”这个单词从你的脑海中抹去吧。如果你正面临着一座山峰，而别的人想说服你相信这座山峰是不可战胜的，那么你就开始制订一个计划，努力攀登，然后站在山巅向所有那些泼冷水的人证明：也许你们做不到，但有人能做到！

当别人对你选择的道路提出异议乃至斥责的时候，你必须坦然面对。输家常常会把怨气抛向赢家，因为消极与积极总是难以调和的。你在向成功奋进的过程中会经历四个阶段，这四个阶段非常具有典型意义，可以说，每一位成功人士都要经历。

第一阶段：你有了一个新想法，但在这个想法取得成功之前，你会受到许多“踏实派人士”的嘲笑。

第二阶段：你坚持不懈的努力终于修成了正果，取得了更大的成功。这时你会饱受误解与忌妒的目光，人们不乐于看到你取得成功。

第三阶段：你的成功不断升级，而你也始终不渝地为实现目标而努力。这时，人们会害怕你，且这种害怕会变异成进攻。你会受到批评乃至攻击。如果你受到强烈的攻击，那么你一定不要放弃。因为这意味着你距离最终的突破口已经非常近了，你即将取得最后的成功。

第四阶段：如果你继续坚持下去，那么你就会实现梦想的目标。你的疯狂的、不可能的、不寻常的想法成功了！这时，所有那些曾经嘲笑你、忌妒你、批评你的人会走过来拍着你的肩膀说："太棒了！我早就说过，你会成功的！你有朝一日会成为名人的！"

漠不关心的人生态度有什么不好

成功人士之所以能获得今天的成就，是因为他们每天都比别人多付出一点点。

5 年前，杰利在一家酒店担任夜间核数员的工作。一天晚上，杰利正在大堂核实一项数据，忽然接到了一个电话。

“您好！有什么可以为您效劳的吗？”杰利礼貌地问。

“哦，你好！”传来一个女人的声音，“哈瑞先生是我的丈夫，他现在正住在你们酒店的家园套房里。明天是我丈夫的生日，我们5岁的女儿想送给她父亲一份小礼物，你是否能帮她这个小忙呢？”

接着，电话里传来了小女孩的声音：“叔叔，你好！我想送爸爸一件生日礼物！”

“是什么礼物呢？”杰利问。

“一份有薄煎饼、鸡蛋、熏肉的早餐，那是平时爸爸最喜欢吃的早餐了！”小女孩说。

“太好了！我能为可爱的小姐做点什么吗？”

“请帮我订一份这样的早餐送给爸爸！”

“好的。我愿意为你效劳！”杰利高兴地说。杰利知道，酒店里并没有配套的早餐服务，这也不属于他的工作范畴，但他不愿让小女孩失望。

第二天早上，杰利下班后，开车在附近寻找有薄煎饼、鸡蛋和熏肉的早餐。买好早餐，路过一个小礼品店时，他又停下来，买了一张小贺卡，用一支蜡笔在上面写上：“祝爸爸生日快乐”，落款是“爸爸的乖女儿”。然后，杰利返回旅馆，把餐盒送到家园套房的哈瑞手里，这位父亲又是惊讶又是感激。

杰利并不认为自己做了一件多大的好事，他只是不愿意让小女孩失望。他和哈瑞先生一样，有个可爱的小女儿。他想，假如小女孩是自己的女儿，他能拒绝孩子这样一个再简单不过的要求吗？可杰利没有想到，这件小小的礼物，这份包含着父女之爱的早餐，给一个长期出门在外的父亲带来了那么多的欣慰和快乐——哈瑞先生从中感到家庭的温馨，亲人的眷爱并没有因为他的远离而有所减弱，而是始终陪伴着他，跟随着他，并为之深深感动。

使哈瑞感动的还有另一个原因，那就是酒店的服务者杰利，他完全理解这份朴素礼物的珍贵含义，并完美地实现了它。虽然买一份早餐并不需要付出太多精力，但能提供如此周到的服务，并在服务中能体现出温情的酒店员工，毕竟是少数。因此，哈瑞先生在离开酒店前详细询问了杰利的情况，并将杰利的名字保存在自己的记事本里。

两年后的一天，杰利接到了一份邀请函，发出邀请的正是那位曾经住在他们酒店家园套房里的父亲——哈瑞。哈瑞邀请杰利参加在上海举行的一家酒店的开幕仪式——这家酒店是由哈瑞创办的，并要杰利的妻子和女儿一同前往。

杰利接受了哈瑞的邀请，并细心地为哈瑞的酒店进行了各种数据的核算。像上次一样，这并不是杰利分内的工作，但杰利仍然这样做了。按他的话说，他并不介意多做一点点——就这样，杰利为哈瑞的饭店节约了好几项不必要的开支。

这件事过去 3 个月后，杰利再次接到哈瑞的邀请。哈瑞在信里说，他一直期待着一位像杰利这样的助手，和他一同打理酒店。如果杰利想在上海工作的话，他可以为他提供一个职位。杰利接受了邀请，加入到一项全新的事业中。由于杰利具有丰富的酒店工作经验，他很快便适应了现在的新工作。

杰利，那位不在乎多做一点点的核数员，那个愿意放弃 40 分钟休息时间，为一个并不认识的小女孩提供理想服务的年轻人，现在已经是这家酒店的大股东之一。

当你遭遇心灵低谷时牢记一些话

人生难免遇到低潮，当我们碰到低潮时，谁来拍拍我们的肩膀，给我们打气呢？

事实上，当我们碰到低潮时，真正能为我们打气的人寥寥无几。或许你的老师、长辈会为你打气，但他们也不可能天天拍着你肩膀。父母兄弟呢？他们当然疼爱你，但他们却又是最有可能打击你的人——很多父母看到陷入低潮的子女，不但没有鼓舞，反而不断责骂。兄弟也是如此。

当你碰到低潮时，要自己鼓励自己！

我并不否定别人的鼓励作用，事实上，别人的鼓励会让你暂时走出无助找到振臂一挥的感觉。可那股奋起的力量终究会昙花一现的。

千万别乞求、期望得到别人的鼓励，因为那只会让你像个可怜虫，这种鼓励带有怜悯的意味。千万别依靠别人的鼓励来产生勇气和力量，因为你未来的路还会有许多坎坷，不是每一次你低潮的时候，都会有人来鼓励你。

要学会自己鼓励自己，让勇气和力量在自己心中油然而生。这样，你内在的能量就好比开了泉孔，泉水自己源源涌出，任何时候，任何状况，你都可自己取用。

遇到低潮时，你首先要有的就是“活下去”的决心，因为这是“自己鼓励自己”的先决条件。

你要告诉你自己：我一定要走过这个低潮，我要做给别人看，向所有人证明我的强韧！我要为自己争一口气，不要被别人看轻。

有了这样坚定的信念，你便会从此崛起无所不能。当然生活中还会有挫折、沮丧和漫漫长夜的等待，只要你秉着一支希望的烛，播下辛勤的种子，人生便会收获丰硕的果实。

你可以在墙上贴满励志标语，每天在固定的时间默念；你可以找个僻静的地方，痛快地流泪；你可以拼命看成功人物的传记，你借助运动来强化意志，忘却沮丧。

当你遭遇心灵低谷的时候，仍要把头抬起来，把腰板儿挺起来。坚强一点！挺一挺就过去了！

假设人人都是你的贵人

你从事的是什么行业？为了帮助你成功，你应该说：“我从事的是人际关系的行业。”

事实上，每个人都是在从事人际关系的行业。保险业是在从事人际关系的行业，房地产是在从事人际关系的行业，直销业是在从事人际关系的行业，电脑业也是在从事人际关系的行业。任何人都一样，都是在从事人际关系的行业。

你可能只是一名家庭主妇，但家庭主妇也需要与某些人保持良好的关系，可能是你的小孩，所以你也是在从事人际关系的行业。

人际关系好才会成功。人际关系好，你的事业才会做得好。

所有的生意竞争到最后都取决于人际关系。请问：假如有两个人卖给你一样的产品、一样的价格、一样的服务，同样的品质与品牌，最后你买谁的呢？当然是与你关系较好的人。

人际关系几乎占了成功的60%以上，你一定要非常注重自己的人际关系。

既然如此，如何做到呢？很简单，人都需要什么？你只要好好想一下，就会知道如何做了。

给予别人他需要的，你就一定会赢得别人的喜欢。这是恒久不变的法则。

这么一来，你必须要关心每一个与你交往的人，才会有办法了解他们。

人都需要被关心、被重视、被了解、被感谢、被赞美，都需要被别人感兴趣。

也就是说你一定要关心人，重视人，对别人感兴趣，让别人能感觉到这些感受，这就是保持良好人际关系的方法。

但一般人对人冷漠，隐藏自己的热情，先重视自己，不重视他人，甚至楼上楼下住了一年，每天碰面也不曾打过一个带有微笑的招呼。

可是一般对你有帮助、有好处、有恩惠的人，你一定就会懂得礼遇、重视，甚至会巴结他。

假如你能对每一个人都以贵人心态面对他，与他交往，你的人际关系马上会好起来。

一旦人际关系好了之后，你会发现，每个人都会反过来对你好，你的付出，终有一天会得到回报。

你先假设人人都是贵人并对待他们，然后人人就真的会成为你的贵人。

既然人人都是贵人，今后你会怎么与每一个见到的人相处？你会如何重视他们？相信你一定已经知道了。

一旦人际关系又宽又广，一旦你与一群人相处得非常好，不论你从事什么行业，开创什么事业，或要达成什么目标，都会如鱼得水，水到渠成。

一个倒霉蛋变亿万富翁的启示

乔·吉拉德被誉为“美国最伟大的推销员”，他在15年中共卖出13001辆汽车，仅一年就卖出1425辆，被载入吉尼斯世界纪录大全。乔·吉拉德之所以能取得如此骄人的成绩，想象力可谓功不可没。

“在我的词库里，心理学家们所说的‘想象’似乎有些不切实际的意味，所以我更喜欢把它叫作‘绘制幻想图’。这种技巧能够帮助我有效地将梦想变为现实；并根据不同的需要，通过不同的方式发生作用，比如用来减肥、戒烟、缓解压力、树立信心和增加意志力，等等。”

乔·吉拉德是这样绘制他的“幻想图”的：

“抽一个闲暇的日子，找一间空寂的办公室，或在自己的居室里，或在庭院的一角——在任何让你感到放松的地方，只要不受他人干扰。舒舒服服地坐下来，可以坐在椅子上、地板上或者草坪上，然后慢慢闭上眼睛。现在，你开始幻想：自己的面前已经支起了画架，铺好了画布，并且挑选了一支小小的画笔，蘸满了油墨或水彩。接下来，你就可以按照自己的意愿，在幻想中着手画画了。如果你不满意，可以立刻把它擦去，从头再来。而无论你幻想什么，都应该想着它、‘看见’它、做到它。”

乔·吉拉德年轻时和父亲住在一起。父亲总是说他将来绝不会有什么出息。父亲的消极态度成了乔·吉拉德后来取得成功的原因。年轻气盛的他，做事的动机就是为了“偏要做给父亲看看”！

“当我开始推销汽车时，已经35岁了。那时的我对自己信心不足，疑虑重重。毕竟，我刚刚在住宅建筑生意中栽了跟头。所以当父亲说我这个人不会有什么出息时，我也似乎觉得他说得没错。不久以后，我开始尝试改变自己。下班后，我独自一人坐在自己的办公室里，身心尽情放松，把整个外界的一切人和事都抛在脑后。接着我闭上双眼，摊开了‘画布’，握紧了‘画笔’。那时候，没有人告诉我该做什么，又该怎么做。恍惚间，只觉得有一个念头在支配着我的行动。我画了一幅人物肖像，画的不是我，而是我的父亲。我在画中根本看不见任何自己的影子。

我所看到的父亲正皱着眉头，瘪着嘴教训我：乔，瞧你那样儿，将来绝不会有什么出息。我每天都注视着这幅画，并在心里咀嚼一番有朝一日能证明他错了的快感。或许这样的动机不大对，但我仍然把它运用到了推销中，那就是时时铭记着我父亲的形象。瞧，不可思议的事情出现了：我的汽车销售业绩就像燎原之火一样遍地开花。”

乔·吉拉德不仅想着父亲的样子，而且还把他的照片镶上镜框，摆在办公桌上。这时的幻想图实际上已经变成了真正的图画，他每天都看着它，并且坚定“做给父亲看”的信念。

3年后，当乔·吉拉德38岁时，终于成了世界上头号零售推销员——多年来，他哪里是在向顾客们、业主们，简直就是在对着画中的父亲，费尽心血地推销每一辆汽车。

只有想不到，没有做不到。乔·吉拉德就是这样天才地将想象力发挥到极致，从而由一个擦皮鞋出身的孩童登上了人生辉煌的顶峰。

不要把时光浪费在昨天的损失上

你是否已经习惯了为失去的惋惜，习惯了感慨所失去事物的美好？

从现在起，收回你的惋惜和感慨，好好珍惜现在。

约翰做了一个夏天的旅游向导工作。因为他所做的工作大大多于他所得的报酬，有些从芝加哥来的游人就给他安排去美国旅游一次。行程包括在华盛顿观光一天。

约翰到达华盛顿时，在旅馆登了记。他在那儿的账单已经有人预付了。这使他高兴到了极点。可是，当他准备睡觉时，一件意外的打击迎头而来——他发现钱包不见了。

钱包里装有护照和现款。他跑到楼下旅馆的柜台，向经理说明了情况。

“我们会尽一切努力帮助你。”经理说。

但到第二天早晨，钱包仍不知下落。约翰的衣袋里只有不到两元钱。现在他孑然一身，飘零异邦，怎么办？打电报给芝加哥的朋友，告诉他们所发生的事，还是到警察总局坐等消息？他想：不！我不愿做任何这样的事！我要参观华盛顿。我可能再不会到这儿来了。我在这个伟大的首都只能待上宝贵的一天。毕竟，我还有去芝加哥的机票，还有许多时间解决现款和护照的问题。但是，如果我现在不去参观华盛顿，我就不会再有这样的机会了。

现在的我和昨天失去钱包以及以前的我应该是同一个人。那时我很愉快，现在我应当也很愉快。刚刚到达美国，有权在这个伟大城市里享受一个假日。

我不愿把时间浪费在因损失而引起的不愉快中。

他步行出发了。他看到了白宫和国会大厦，参观了一些巨大的博物馆，他爬上了华盛顿纪念碑的顶部。虽然不能到华盛顿郊区阿灵顿以及他原来想去看看的其他几个地方去，但凡是他到过的地方，他都看得很仔细。

他回到丹麦后，回忆起在美国最好的一段旅程就是他那天徒步旅游华盛顿——如果他不用这样的秘诀，那一天就可能从他那儿毫无意义地溜掉了。所幸的是，约翰懂得"现在"正是时候。他懂得必须在"现在"变化之前把它抓住，以免无限惋惜"昨天我本可以……"

令人喜出望外的是五天后，华盛顿警察局找到了他丢失的钱包，并将原物送还给了他。

知难而进，激发自己的进取精神，胜利的喜悦就属于自己。坐以待毙，把今天美好的时光还浪费在昨天的损失上，那我们将会失去更多更多。

很累的时候，要学会放弃

有一位自强不息、奋力进取的青年，把全部精力投入事业中，他感到越来越累，身心俱疲无法解脱。后来他去寻访一位智者，智者没有对他说什么，只是让这位青年和他上山。

在他们上山的台阶两边，有许多色彩斑斓的石子，智者拿出一条口袋，让他捡最美丽的石子装进去。

青年对这些漂亮的石子都有些爱不释手，不一会儿就装了大半袋，他吃力地背着口袋向上走，看到更漂亮的石子，他舍不得丢下，尽数装到口袋中。

不一会儿他就背不动了。智者说："我们的目的是上山，你说应该怎么办？"青年人想了想，果断地倒掉了一口袋美丽的石子。

累，人们都喊累。为什么累？我们的负担太重。我们一路前行，一路收获，我们收获越多，我们的负担也就越重。

在我们的人生旅途上追求是一种永恒。追名逐利，是许多人忙乱的人生目标。当草原上的太阳升起来，羚羊睁开眼第一个念头就是：吃到最鲜嫩的青草，躲开天敌的进攻。于是它向草原深处疾驰。我们也一样，我们在理想中追求，追求光明追求积极的成功。我们在竞争下生存，然而，负重的蜗牛最痛苦的不是速度，而是压力。

当我们很累的时候，要学会放弃。

压力过大往往使人产生忧虑，所以，善于解压对促进身体健康，提高工作效率至关重要。

纽约市洛克菲勒中心的袖珍图书公司董事长里昂·席盂金就是一个善于减压的成功者。

里昂·席盂金曾说："15 年来，我几乎每天花一半的时间开会和讨论问题。"在大量的时间里，他一直处于紧张的状态中。开会时，他经常在椅子上坐立不安，在办公室里走来走去。到了晚上，他会觉得筋疲力尽。这样一直做了 15 年，他的精神接近崩溃的边缘。

后来，有人建议他减去那些花在会议上时间的 3/4，可以消除 3/4 的神经紧张。

于是他大胆地尝试，并拟出了一个新计划，实行这个计划他用了 8 年。实践证明，这对他的办事效率、健康和快乐，都带来了意想不到的好处。

此后，在很多时候，他也不像以前那样紧张、忙碌和辛苦了，他的生活变得丰富多彩，后来他总结自己的经验时说："我将负担减半。"

对于过度的压力，不要以消极的态度来逃避，而应积极地去面对，并采取有效的措施予以化解，这不失为一条上策。

创造不受干扰的时间区

拿破仑·希尔建议经理将工作组织起来，使他们的时间可以分段或分区。这些时间区段是经理完全不受打扰，专心工作的时间。相对于创造时间区的另一个选择是“大杂烩”，就像电脑花了太多的时间在程序与程序之间的来回奔波，结果却一事无成一样。

听从这个建议并不容易，对多数人而言，干扰就是一种生活方式。某些职业的员工甚至是深陷在电话和旁人的打扰中，这其实是一种错误的方式。电视现场直播的制作人，或生意兴隆的餐馆经理，必须在短短几个小时间内做上百个决定，但是只要有创意再加上自制，即使是这些专业人士也能在节目开播前或客户上门前创造时间区。

以下是创造时间区的几个建议：

（1）早到或迟退。很多高级主管会提早进办公室，是因为他们知道电话还没有开始响个不停，其他人也还没到。此外，他们也会延长工作时间。因为朝九晚五的员工已经下班，而且在公司下班后也不会有电话进来（假如你希望过均衡的生活，除非偶尔为之，否则尽量避免早到迟退）。

（2）远离工作。有些很有成就的人每个星期会留在家里一天或两个半天，目的就是创造时间区。显然你需要有一个能容许你这么做的老板，或者你自己就是老板。

（3）在空当时间中创造时间区。艾莫礼大学医学院临床研究中心的董事达拉斯霍尔博士在往来三个办公室之间发现了他的时间区。他的一个办公室在校区内，一个在葛莱狄医院，另一个则是在附近的狄克市。“原先我以为有三个办公室真是没有效率，可是让我惊喜的是，我发现我在三个办公室做的事比在一个办公室还多。”霍尔认为有另一个办公室是一扇很好逃生门：“我开车往来办公室之间所花的 15 分钟，是一天之中最棒的思考及整理思绪的时间。”

（4）为重要的一对一会谈创造时间区。假如有一个约会非常重要，请在约会前先告诉你的助理或秘书，除非有紧急事件或是非尽快处理不可的事情发生，否则你不希望被打扰。

全美医院发展协会的前任主席约翰·奥尔森称这种与部属之间的会谈为“固定时间会谈”。他的处理方式：“今天早上10点左右有一位职员来找我谈，我们都希望能腾出充足的时间。从他找我会谈的动机来看，他可以有30~45分钟属于他的时间。这种固定时间会谈让职员知道他们的重要性，没有任何事情可以中断这段时间，没有电话、没有干扰，同时也是做一些费神事情的好机会。”在这段时间内如果有电话打进来怎么办？奥尔森也是以时间区来处理。奥尔森只有在非固定时间会谈或是在做些较不重要的事情时才接电话，他选在两个时间区回复电话：一个在早上，另一个在下班前。奥尔森的结论：“我尽力创造不受干扰的时间区，尽量在两到三个小时的时间区里工作。”

爱迪生论成功的第一要素

拉马克于1744年8月1日生于法国毕加底，他是兄弟姊妹11人中的最小一个，最受父母宠爱。拉马克的父亲希望他长大后当个牧师，送他到神学院读书，后来由于德法战争爆发，拉马克当了兵，他因病退伍后，爱上了气象学，想自学当个气象学家，他整天仰首望着多变的天空。后来，拉马克在银行里找到了工作，想当个金融家。很快的，拉马克又爱上了音乐，整天拉小提琴，想成为一个音乐家。这时，他的一位哥哥劝他当医生，拉马克学医四年，可是对医学没有多大兴趣。正在这时，24 岁的拉马克在植物园散步时遇上了法国著名的思想家、哲学家、文学家卢梭，卢梭很喜欢拉马克，常带他到自己的研究室里去。在那里这位“南思北想”的青年深深地被科学迷住了。

从此，拉马克花了整整 11 年的时间，系统地研究了植物学，写出了名著《法国植物志》。拉马克 35 岁时，当上了法国植物标本馆的管理员，又花了 15 年，研究植物学。当拉马克 50 岁的时候，开始研究动物学。此后，他为动物学费了 35 年时间。也就是说，拉马克从 24 岁起，用 26 年时间研究植物学，35 年时间研究动物学，成了一位著名的博物学家。

古往今来，凡是有成就的人，都像拉马克后来一样，很注意把精力用在一个目标上，专心致志，集中突破，这是他们成功的最佳方案。曾经有人问牛顿怎样发现了“万有引力定律”，他回答说：“我一直在想着这件事。”

在回答“成功的第一要素是什么”时，爱迪生答道：“能够将你身体与心智能量锲而不舍地运用在同一个问题上而不会厌倦的能力……你整天都在做事，不是吗？每个人都是。假如你早上7点起床，晚上11点睡觉，你做事就做了整整16个小时。对大多数人而言，他们肯定是一直在做一些事，唯一的问题是，他们做很多很多事，而我只做一件。假如他们将这些时间运用在一个方向、一个目的上，他们就会成功。”高度专一与否，一天就有很大的差别，1月、1年、10年呢？那差异就更大了。

因此，卡莱尔说：“最弱的人，集中其精力于单一目标，也能有所成就；反之，最强的人，分心于太多事务，可能一无所成。”

保持健康快乐的方法

正确的思想方法再加上积极进取的精神，可以使一个人获得伟大成就。反之，消极的、破坏性的心态则将毁掉所有成功的可能性，如果继续下去，它最后终将破坏你的健康。

这里有个惊人的资料，在所有病人当中，将近 75% 的病人患有“忧郁症”。这是一种不正常的心态，会引起对自己健康的无谓烦恼。用清楚易懂的话来说，“忧郁症患者”就是指，一个人相信他自己正患上某种想象中的疾病。而且，通常这些可怜虫都相信，只要是他们所听到过名称的每一种疾病，他们全部染上了。“忧郁症”是所有不正常症状的开端。

下面是拿破仑·希尔述说的一件事：

如果我妻子死了，我将不相信有上帝存在。N 的妻子得了肺炎，当我赶到他家中时，他见到我的第一句话就是上面的那句。她请我来，是因为医生已经对她说，她活不了了。她把丈夫和两个儿子叫到床边向他们道别。然后，她请求把我——她的教区牧师找来。我赶到她家里之后，发现那位做丈夫的在前厅中哭泣，两个儿子则在尽量安慰他。我走进她房间时，她已经呼吸困难，护士告诉我说，她的情绪很低落。我很快就发现，这位 N 太太请我过来，原来是要拜托我在她死后照顾她的两个儿子。这时候，我对她说：“你绝对不能放弃希望。你不会死的。你一向就是一位强壮而健康的妇人，我不相信上帝会要你去世，而把你的儿子托付给我或任何人。”

我这样向她谈了很久，并做了一次祈祷，祈祷她早日康复，而不是进入天国。我告诉她，要对上帝有信心，以全部的意志及力量来对抗每种死亡思想。然后，我离开了她家。临行前我说：“教堂礼拜结束后，我会再来看你，到时候，我将会发现，你比现在好得多了。”那天下午，我又去拜访。她的丈夫面带微笑迎接我。他说，我早上一离开之后，他太太就把他和儿子们叫到房里，说道：“希尔博士说，我不会死；我将会康复，我现在真的好多了。”她真的康复了。她对自己的信心导致了她的康复。当然有些病例我们必须悲哀地加以承认，目前是无法治愈的。但有时候，像这个病例，如果意志运用得当，将可以得救。只要一息尚存，就有些希望。人类意志所能产生的力量是惊人的。

当人类的意识生病时，就会造成身体生病。在这种时候，它需要一个更强壮的意识来治疗它，给它指示，特别是使它对自己产生信心与信仰。每个人都有责任去阅读有关人类意识能力的一些最佳书籍，并学习人类意识如何能够发挥惊人的功能，使人们保持健康及快乐。我们可以看到，错误的思想方法会对人类产生极为可怕的影响，甚至迫使他们发疯。现在正是我们去发掘人类意识所能从事的善事的时候了。因为人类意识不仅能够治疗心理失常，也能治疗肉体疾病。

你是内心唯一的主人

爱迪生并未受过正规的教育，却在科学界有极为杰出的成就。

爱迪生不怕挫折。他一无所惧。他对于任何人或任何事都问心无愧。他从来不因为自己的重要性而自夸，这反而更能显出他的伟大。

有一次拿破仑·希尔和他谈到发明电灯的经过。拿破仑·希尔问他："如果你到现在还没有成功，你会怎么办？"

他的眼中闪着愉悦的光芒说："我一定还在实验室里工作，没有时间和你聊天。"

大多数的人只遭遇一次挫折之后就不想再尝试了。极少部分的人继续尝试第二次。

有很多人还没有真正遇到挫折就放弃了，因为他们预期会失败，还没有开始就先打退堂鼓。不用说，在这一群人之中找不到福特或爱迪生。

从人们在各行各业中的成败，拿破仑·希尔观察到两项重要的事实。

成功的人，对于尚未达成的目标充满期待，而失败的人只想到过去所遭遇的挫折和失望。这项原则从来没有失误过。

拿破仑·希尔说：“忌妒和报复是非常丑恶的字眼。不要让这两种情绪扰乱你平静的心。”

“拒绝所有使你感到焦虑、恐惧、愤怒、痛苦、忌妒、贪婪及妄想一步登天的念头，否则你将失去内心的平静。”

“如果某一个人曾经伤害你，这是一个机会，看看你是否具有伟人的胸怀。若是，你会原谅对方，忘掉这件不愉快的事情。否则你会想尽办法报复那个伤害你的人。”

“如果你选择后者，一定会造成不幸的结果；报告的举动就像回力棒一样，经常会飞回来伤害始作俑者。”

“把你的愤怒和伤害抛到脑后，不要扰乱你平静的心。记住，除非你愿意合作，没有任何人能够以任何方式伤害你，使你感到愤怒。”

“你可以完全掌握自己的心情。过滤不当的情绪及思想，你会很容易改造你的内心，达成任何人想要追求的目的。我们不能控制别人的行为及许多使人愤怒的外在因素，但是你可以控制自己对这些行为及状况的反应。”

“你的心属于你自己。你是内心唯一的主人。把所有负面的反应都阻隔在心门之外，你就能找到内心的平静与喜悦。”

辑二

以极简的心态，活出生命的宽度

想清楚实现梦想的关键问题

你有没有见过有人上了出租车后，司机问他：“要去哪里？”他却回答：“我不知道。”假如有的话，你是不是觉得很可笑呢？

不为自己设定人生目标的人，就像上了出租车后却不知去哪里。司机不管去哪，对你而言都无所谓，会到什么地方，谁也不知道。你觉得这样是不是很可怕？这样的车，肯定会迷路，因为它没有目标。

很多人惊觉到已经迷路时，才发觉要有一个目标，但为时已晚，因为你连身在何处都不知道。

为什么不在一开始就明确地知道要去哪里，然后手拿一张地图，明确地知道能够到达目的的几条路？这样的人生有着一个接一个的目标，有着详细的计划与时间表，过你真正想要过的生活，做你真正想做的事情，这样不是很好吗？

有什么样的目标，就有什么样的人生：没有目标的人，将过着迷失的一生。

很多人说：“有啊！我有目标呀！我的目标就是要还清欠债，还要养活一家大小，才不会饿死！”

这样的目标，你觉得如何呢？会让你提得起劲吗？是你要的人生吗？

要有充满干劲的人生，就要有一个令你心动的、充满吸引力的目标，这样才会让你拿出行动来设法实现它，才会有一个快乐的生命。

要得到一个真正想要的人生，就要设定你真正想要的目标，而不是把那些令你心烦又提不起劲的痛苦的事当目标。

比方说，想成为行业中的顶尖人物，做一些不平凡的成就，实现儿时的梦想或是赚取多少财富，去哪个国家游玩，与什么人交友，学到什么新能力，拥有一个健康的体魄，都可以当作你的目标。

现在就拿起笔来，好好想一想，到底未来 20 年你想实现什么目标，想住什么样的房子，开什么车子，交什么朋友，拥有什么事业，成为什么样的一个人，将你一生所有的目标全部想象一下，并把它写下来。

再一次提醒你，你有能力实现任何梦想，你可以得到你想要的一切，但关键是你必须先知道你要的是什么。

多做些有意义的事

每一个人都应该多做些有意义的事，才不会产生空虚感。

常听到有人叹息："一天又过去了。"像这种对于自己的人生目标毫无概念，无法体会人生真正快乐的人，不论物质生活多么富裕，都是空虚、孤独的。如果没有适度的紧张感，生活会显得过于单调，为了打发单调的时间，往往就向外追求感官的刺激，觉得有许多光阴。相反的，内心经常怀有使命感，觉得有许多事情该做，如果不能将事情完成，就难以心安的人，生活一定过得充实。所以，我们只要稍微改变一下对事物的看法，生活方式就会产生天壤之别。

有一个女人生下一个智商不足的孩子，她为此自责不已，每当想到孩子的将来，就难过万分，每日愁云满面，甚至产生与孩子同归于尽的想法。有一次，她路过一所启智学校。看到里面有许多智能不足的小孩子在认真地读书。她才顿时领悟到，智能不足的小孩子也应该有属于自己的珍贵生命。以前，每当她想到"我死去，这个孩子要由谁来照顾"时，就会产生厌世的想法，现在她的心中突然燃起一道光明的希望，更坚定她活下去的勇气。

当她每天送孩子上学时，总是在心中祈祷："我今天要更坚强。"

她还说："因为我有了这样的孩子，所以，我比别人更努力地学习人生中的一切，就这一点来看，这个孩子算是我人生的老师和恩人。"

世界上有许多面临不幸遭遇的人，由于苦恼无处发泄而抑郁终生。反之，四体健全的人们，如果还不知珍惜上天的恩宠，只会虚度光阴，岂不是非常不应该吗？一旦产生空虚感时，就要有效地善加利用，在其他方面来努力，才能掌握幸福。

正如有一篇文章所提到的："在一天之中，饮食、排泄、睡眠、说话、走路等，已花去了许多时光，如果剩余的时间，还不知善加利用，而做无益的事、说无益的事、想无益的事，不但浪费时间，而且空掷岁月。这样虚度一生的人，是最愚蠢的。所以，每一个人都应该多做些有意义的事，才不会产生空虚感。光阴是无情的，绝不会等待我们。我们要及时醒悟，珍惜光阴，好好努力，不要让光阴迅速地流逝。"某位老先生在世时，每日都要提醒他的后人们："不要慢吞吞地！"

我们不妨将这句话也记住，每当稍有偷懒的意念时，就以这句话来激励自己。人生只有一次，究竟是过着充实的生活还是虚掷人生，全在我们的一念之间，既然要度过一生，凡事只要能尽自己的力量，认真地去做，成功与失败，就全听天意的安排了。

比薪水更重要的东西是什么

现在的很多年轻人都把社会看得十分现实。在他们眼中，工作成了这样一条简单的定义：我为公司工作，公司付给我同样价值的报酬，等价交换。他们绝对不会去为公司多做一点点事情。

在他们眼中，薪水就是一切，学生时代的梦想早已消逝。他们以应付的姿态对待工作，能偷懒就偷懒，能逃避就逃避，他们绝对是“到点才来，下班就走”的那种。他们工作最多是为了对得起老板付给他的薪水，而从来没想过工作会跟自己的前途有何联系。

很多人缺乏对薪水的认识和理解，他们总认为老板付给自己的薪水太低，只可惜的是，他们放弃了比薪水更重要的东西。

微软总裁比尔·盖茨说："当你拥有上亿资产的时候，金钱对你来说无疑只是个符号而已。"也许，你现在还远远没有达到那种境界,但如果你是一个准备有所成就的人，就会发现薪水只不过是你所获得报酬中的一小部分。

去问那些事业成功的人，如果在没有利益回报的情况下，他们是否还愿意努力去做自己的工作呢？你得到的答案一定是：我会一如既往全力以赴地去工作，因为，我热爱我的工作。

一个人要想获得快速的成长，捷径就是选择一种哪怕没有任何报酬自己也愿意努力去做的工作。当你这样做时，金钱就会自然地追随你而来，所有的公司也将竞相聘请这样的人才，而且他们也愿意为此付出更高的报酬。

如果你是公司的一员，你就应该抛开任何借口，投入自己的热情和责任，处处为公司着想。这个世界的大部分人之所以贫穷，不是他们不够努力，而是因为他们永远同时从事两件事：一件是目前在公司所从事的，另一件则是自己真正想做的工作。

如果你能将正在做的工作做得和想做的工作一样认真，那么你一定会快速成长。因为你在为未来做准备，你正在学习一些足以超越目前职位让自己尽快达成目标的技巧。

不要成为工作中“无心的懒人”。自己虽然也是每天朝九晚五，按照公司的各种流程工作，但是失去了“思考”，我们就会变得懒惰——错失了看见新事物的机会，丧失了发现机会的能力，所做的工作也只是简单的复制，如同复印机一样。而我们也只是和办公室里的电话、电脑一样，只是比它们多了生命这个概念而已。在这样的情况下，工作自然没有任何乐趣而言，更谈不上什么工作成绩、升迁或者发展。

一个乐于工作的人，他们对工作的定义通常是：在工作中积极思考；承担自己工作以外的责任；为同事和集体做更多的努力；能够坚持自己的想法或项目，并很好地完成它；愿意承担一些个人风险来接受新任务。

世界上到处都是有才华的失败者。在很多情况下，他们之所以一事无成、碌碌无为，在失意的煎熬中痛苦地生活，并不是因为他们知道的东西不够多，而是因为他们没有去探索未知的东西。

请珍惜你生命中有效的时间

人生是由我们在世上拥有的有限时间构成的。当心你的时间是怎样花掉的，因为你的整个未来都要生活在时间里面。即便以现代的医疗条件，能活到八九十岁的人已经很少了。如果折算为天，人一生也就大约 3 万余天。

请算一下：暂以 30000 天（82.4 岁）计，你已用去了多少天，还剩下多少天？请你马上算一下并把最直接的第一感受，用简单的语言写下来。

想一想，到现在为止，我们已经取得了什么，我们还能做什么，十年前是什么样子，现在又是什么样子？十年一晃就过，究竟有多少成就与变化？

柯维曾在大学课堂上做过一个“震撼人心”的实验。他要求学生假定只剩一学期的生命，该如何好好把握这最后的学习机会。经过反思后，学生有了不少新的感受和发现。他们把时间缩短为一周，从这个角度来检讨自己，并逐日记下心得。结果，有人开始给父母写信，表达对父母的爱。有人则与感情不睦的手足和好，实在发人深省。

鸟之将死其鸣也哀，人之将死其言也善——灵魂深处生命的挽歌提醒我们：珍惜时间啊，说时迟，那时快，生命每一秒都在消失。

时间就是金钱。抽时间精确地计算出你的职业价值是每天多少元，每小时值多少元，每分钟值多少元。时间在流淌着生命和财富，进步着才能创造快乐和幸福。竞争的实质，就是在最快的时间内做得最强最有效果。最大的成功,就是在最短的时间内通过最快的成长达成最多的目标。

质量是“常量”，经过努力都可以做好以至于难分良莠；而时间，永远是“变量”：一流的质量可以有很多，而最快的冠军只有一个——任何领先都是时间的领先！

我们慢，不是因为我们不快，而是因为对手更快。盛田昭夫说：

“如果你每天落后别人半步，一年后就是一百八十三步，十年后即十万八千里。”

谁快谁赢得机会，谁快谁赢得财富。无论相差只是0.1毫米还是0.1秒钟——毫厘之差，天渊之别！在竞技场上，冠军与亚军的区别，有时小到肉眼无法判断。比如短跑，第一名与第二名有时相差仅0.01秒；又比如赛马，第一匹马与第二匹马相差仅半个马鼻子……但是，冠军与亚军所获得的荣誉与财富却相差天地之远。

全世界的目光只会聚焦在第一名的身上。冠军才是真正的成功者。第一名后面都是输家。因为，时间是有限的，我们唯一能有所改变的，就是珍惜生命中有效的存活时间，让每一分钟都增值，以不负人生的使命。

今天你应该在哪里改进工作

成功最大的报酬是自我满足。我们经常以财富的累积来衡量成就的高低。财富虽然重要，但是达成目标的满足感，才是真正的成功指标。

爱因斯坦终其一生都没有获得巨额的财富，但有谁说他不成功？爱因斯坦在他的专业领域达到顶尖，而且改变世界，因为他知道自己想做什么，也知道该怎么做。

如何激励自己追求成功？对于足以使自己达成既定目标的某种事物，产生强烈的欲望。

一旦你有了积极的进取心，就会产生强烈的使命感，想方设法排除原来认为难以克服的阻碍。当一个人相信自己做得到，任何事情都难不了他。

亨利·福特制造第一部“无马车”时，一些目光短浅的人们——多半是他的亲友和邻居——都嘲笑他。有些人还称呼他是“疯狂的发明家”。

不论疯狂与否，福特知道自己要什么——他有强烈的企图心，不怕任何负面的因素或限制——包括教育程度不高，非机械科班出身——他努力自修以充实自己。

福特改变了美国的面貌。他生产大量的汽车，使其成为一般家庭都能够负担的交通工具，全国各地畅行无阻。整个工业都随着汽车业成长：有了福特的“大铁罐”，才有公路网、相关的服务业、速食连锁店及汽车旅馆。

一个人只要对自己的信念坚定不移，就没有做不到的事情。

如果把这句话挂在自己的办公室里，一定会有所功效：“今天我应该在哪里改进我的工作？”

一杯新鲜的水，如果放着不用，不久就会变臭。同样，一个经营得很好的商店，店主如果不时刻做更好更新的改进，他的经营也必定会逐渐地衰退。

一个积极的成功者的特征，就是他能随时随地求进步。他深惧退步，害怕堕落，因此总是自强不息地力求改进。

一件事做到某一个阶段，决不可停止下来，而应该继续努力，以达到更高的高度。一个人在事业上自以为满足而不再追求进步时，便是他的事业由盛转衰的开始。

每天早晨，我们都应该下定决心：力求在职务上做得更好些，较昨天当有所进步。晚上离开办公室、离开工厂或其他工作场所时，一切都应安排得比昨天还好。这样做的人，在短短的一年之内其业务必定有惊人的成就。

化渴望为财富的六大步骤

在任何一个行业，要想出人头地，都必须先烧掉自己的船，斩绝所有撤退的三岔路口。只有这样，才能维持成功不可或缺的渴望心态。

芝加哥大火的第三天早上，一群生意人在史特街上，看着自家店铺已成为灰烬。他们开了一个讨论会，决定是要重建家园，还是离开芝加哥，到更有发展的地方重新开始。结果，除了一个人之外，他们全都决定撤离芝加哥。

这位执意留下重建家园的商人，伸手指着店铺的残骸说："各位先生，就在原来的地点，我要建造世界上最大的店铺，不管烧掉几次都一样。"

那差不多是一百年前的事了。这家店铺后来盖好了，到如今它还依然耸立在原地，犹如一座纪念塔，标示着渴望心态的力量。这位留下来的商人就是菲尔德，他就是这座纪念塔的主人。

菲尔德和其他商人的不同点，正是成功者和失败者的分野。每个人一旦到了明了金钱用途的年纪，就会开始希望有钱。希望不能给人带来财富，渴望却能带来。它使人的心态变得执着热切，使人着手计划累积财富的方法，随之以绝不认输的毅力，支撑这些计划。这种渴望终将带来财富。

拿破仑·希尔认为，化渴望为财富包含了如下六大步骤：

第一，牢记你所渴望金钱的“确切”数目。光说“我要很多钱”是不够的，还要对其额度非常明确。

第二，决定你要“付出”什么以求报偿。

第三，设定你渴望“拥有”金钱的确切日期。

第四，草拟实现渴望的确切计划，并且“立即”行动。不论准备妥当与否，你都要将计划付诸实施。

第五，简单明了地写下你想获得金钱的数目，以及获得这笔钱的时限。说明你打算凭什么去取得这笔钱，并详加描述你累积这笔钱的计划。

第六，一天朗诵两遍你写好的告白，早晨起床时念一遍，晚上睡觉前念一遍。念的时候，要有如亲见目睹一般，体会真正拥有这笔钱时的感觉。

遵行这六大步骤的指示是非常重要的。你有必要切实遵照这六个段落的指示，并奉行不渝。如果你真的热切渴望要有钱，你的渴望就会变成魂牵梦萦的迫切企求。

你的目标是渴望有钱，你就会坚定不移地相信并拥有这笔钱。

最好的办法就是“立刻去做”

行动可以治疗恐惧。有一天晚上拿破仑·希尔去拜访一个朋友，他5岁的小男孩已经上床半小时了，突然放声大哭。小男孩刚才看了一部科幻片，害怕片中的绿色妖怪闯进来抓他。他父亲的做法特别。他并不说：“不要怕，孩子。没有什么好怕的，回去睡觉吧。”他反而用一种积极的做法来消除他的恐惧。他装模作样表演了一阵，然后走到每一扇窗户跟前看看关好没有，最后又捡一把玩具手枪放在枕边说：“毕里啊！这把手枪给你以防万一。”小家伙听了很放心，几分钟就睡着了。

医生对于必须吃药才能入睡的病人，都给一种没有什么作用的温和药物服用。服药的行为会使他们比较舒服，即使药片本身根本没有作用也无妨。

一般人应付恐惧最常用的方法就是“不做”。推销员经常怯场，即使最老练的推销员也难免。他们为了克服恐惧，往往在客户附近徘徊犹豫，要不然干脆找个地方一杯又一杯地喝咖啡，来培养自信与勇气，这样根本没有效果。克服任何一种恐惧——最好的办法就是“立刻去做”。

你害怕电话访问吗？马上就去打电话，你的恐惧便会一扫而光；万一你仍旧拖拖拉拉，你会越来越不想打了。

你是不是不敢做一次全身健康检查？只要你去，所有的疑虑都会消失。你可能什么毛病也没有；万一有，也可以及早发现。如果不去检查的话，你的恐惧会越来越深，直到真正生病为止。

你是不是不敢跟上司讨论一个问题？马上找他讨论，这样才会发现根本没有那么恐怖。建立你的信心，用行动来消除烦恼。

有一个野心勃勃却没有作品的作家说：“我的烦恼是日子过得很快，一直写不出像样的东西。”

“你看，”他说，“写作是一项很有创造性的工作，要有灵感才行，这样才会提起精神去写，才会有写作的兴趣和热忱。”

写作固然需要创造力，但是另一个写出畅销书的作家，他的秘诀是什么呢？

“我用精神力量。”他说，“我有许多东西必须按时交稿，因此无论如何不能等到有了灵感才去写，那样根本不行。一定要想办法推动自己的精神力量。方法如下：我先静下心来坐好，拿一支铅笔乱画，想到什么就写什么，尽量放松我的手先开始活动，用不了多久，我还没注意到时，便已经文思泉涌了。

“当然有时候没有乱画也会突然心血来潮。”他继续说，“但这些只能算是红利而已，因为大部分的好构想都是在进入正轨工作情况以后得来的。”

“一定会成功”引导你走向成功

很多人想要人际关系更好、收入更高，或者更健康、更成功。但是，不管想达到什么结果，这些结果都必须通过你采取的行动来完成。要有更好的行动，就必须下更好的决定，然而要有更好的决定就必须先有更好的思想。

思想决定了我们所说的话，我们所产生的行为，我们对别人的态度，我们所做的决定，换句话说，思想决定一切。

认为自己一定会成功的人凡事都非常积极与乐观，一旦他掌握住机会就会毫不犹豫地立刻行动，即使行动遇到挫折，他依然抱着积极乐观的想法，认为世界上没有失败，只有成功的暂停。于是这种人经常再试一次，坚持到底，最后终于成功。成功之后，他再次加深“我一定会成功”的信念。

一个“我一定会成功”的思想导致自己成功。成功后，再度坚信我一定会成功，进入了生命中的成功循环线，所以成功会导致成功。

一个人“会失败”的信念导致自己失败，然后再度坚信自己会失败，成为他生命中的失败循环线。

成功的想法带来成功，失败的想法导致失败。这是千古不变的定律。一台电脑没有软件就是废铁，一个人没有思想就是白痴。然而一个人的头脑中没有成功的思想，又如何能成功呢？

所以我们看到很多人认真负责、吃苦耐劳、省吃俭用，到了五六十岁仍然一事无成，是因为他们缺乏积极的思考、正面的信念。

大部分人都有太多的负面思想，凡事都喜欢往坏处想，也都有太多的负面言谈，每天不是批评这个，就是抱怨那个，不是认为自己这个不行，就是那个办不到。这也难怪，大部分人都过着不理想的生活，原来这就是原因所在。你必须每天问自己：我今天有哪些思想？我现在有哪些思想？这些思想会造成哪些后果？这种后果是不是我想要的？假如不是，那我要什么样的结果？我必须怎样想，才能得到我想要的结果？假如你能经常这样，养成自我分析的习惯，你的人生一定会有大的改变。

既然承诺了，就要去做

快下班时，百事可乐公司的总裁卡尔·威勒欧普接到市长邀请他参加晚宴的电话，他毫不犹豫地谢绝道："很抱歉，我已经说好今天晚上陪女儿过生日。我不想做一个失约的父亲。"

走出办公大楼，卡尔给女儿买了生日礼物，驱车直奔市中心新开业的游乐园，去那里与妻子一道为女儿过生日。

为避免打扰，卡尔和妻子都关闭了手机。

他们全身心地陪伴着女儿，开心地享受着这个愉快的节日。卡尔兴致勃勃地看着女儿吹灭红红的蜡烛并开始切分蛋糕，这时他的助理急匆匆地赶来了。助理把卡尔叫到旁边，小声汇报——一个公司非常重要的客户，很想在这个晚上与卡尔见一面。

“可是，我已答应了女儿，今天整个晚上都陪在她身边。”卡尔面露难色。

“客户此前确实没有约定，他只在此地做短暂的停留，是临时决定要拜见总裁的……”助理委婉地建议道。

怎么办？一边是已经陪了两个小时、正玩得开心的女儿，而另一边是等待约见的公司重要的客户。卡尔没有犹豫，他转身告诉助理；“我觉得我还是应该留下来陪女儿，你去接待一下客户，并替我转达真诚的歉意，跟他约好时间，届时我会亲自登门拜访。”

“卡尔先生，您是不是先去……”助理提醒总裁这个客户实在太重要了，丝毫不能得罪的。要不然他就不会匆匆地找来了。

“爸爸，您先去忙工作吧，妈妈陪我一样很快乐。”得知内情的女儿十分理解父亲，催促父亲去见客户。

“不，我已说过，我不想做一个失约的父亲。今天晚上，市长的宴请和客户的约见确实都很重要，但我一个月前向女儿许下的承诺更重要，谁都不能改变我做出的承诺。”卡尔一脸的坚定，让助理打消了继续劝说的念头。

第二天，卡尔上班做的第一件事，就是打电话向那位客户道歉。出乎意料的是，那位客户非但没有生气，反而由衷地赞叹道：“卡尔先生，其实我要感谢您啊，是您用行动向我诠释了什么叫作一诺千金，我终于明白百事可乐公司之所以一直如此兴旺发达的原因了。”

此后，卡尔和这位客户成了非常亲密的合作伙伴，甚至在公司遭遇最大困难的时候，也不曾动摇彼此的信任。

拒绝市长的宴请和重要客户的约见，只为做个守约的好父亲——卡尔先生的行为实在令人感动。君子一诺，重于千金，一个无论在何种情况下都记得自己的诺言，并且尽全力去履行的人，是值得我们钦佩的。希望每位读者朋友都记得这个故事——如果做不到某事，就不要轻易许诺；如果已经对别人有了承诺，就必须尽全力去执行。这样我们才能赢得别人的尊重，也才能让自己心安。

有没有更简单一点的方法

人类许多最重要的发明都是由一些设法寻找较简单做事方法的人所创造的。爱迪生在当电报操作员时，因为被人发现他发明了一种可以在工作时打盹的装置而被炒鱿鱼。亨利·福特小时候曾设计了一种不必下车就可以关大门的装置，当他已经是世界知名的汽车制造商后，福特仍旧继续创造各种简化工作的装置。为了使工人不必浪费精力去取零件，福特在工厂装了一个输送带，等输送带成为汽车制造过程中的标准配备后，他又发现工人弯腰靠在装配线上工作会增加疲劳，同时会导致工作品质不良和意外的发生，所以福特坚持将装配线提高 8 英寸。这虽然只是一个简单的调整，却可以减轻工作时的疲劳，大幅度提高生产力。

在原始社会里，唯一的能量来源就是人类自己，但成人平均可以产生的能量不到一匹马的 1/10。显然单独依赖人力的社会走不了多远，而一个人如果只靠自己单打独斗更不可能活得久。有时候你会听到人们埋怨，对那些一辈子拼命工作却贫困以终的人来说，“人生”并不公平，但是这并不是公不公平的问题，老天爷只是比较眷顾那些知道如何有效开发能量的社会或个人。

问问你自己："有没有简单一点的方法？"找出一个简单的方法可能是你所做的最聪明的一件事。别将忙碌与效率混为一谈，有时候企业里最好的职员最有生产力的时间，就是在做白日梦时。

事实上，忙碌反而可能造成反效果。詹姆斯·沃森说："假如你要做大事，稍微降低工作量是必要的。"他与法兰西斯·克立克因为成功地发现DNA基因密码而共享诺贝尔奖。一本叙述科学人性面的作品《螺旋》，将他们如何减少工作量，也就是他们游手好闲，度周末、举行派对、做客以及其他娱乐的故事做了幽默的描述。

沃森与克立克有幸研究各种观念，与许多领域的科学家交换意见，参加世界各地的会议。但是最重要的是，他们有时间去思考自身的所见、所闻、所读，这也是华特生嘉许降低工作量之意。假如这两位研究学者没有获得大笔的研究补助金，假如他们必须身兼两份工作以维生，大概就无法成就改造生物学研奖的发现。多亏外界慷慨的赞助与英国大学强调思考的传统，华特生与克立克的工作量少得足以让他们去做有意义的事。

拿破仑·希尔认为，骑脚踏车的人走不远。假如你过于忙碌地工作而没有时间去思考你做的事，你将无法充分利用你的成就。降低工作量，让你在活动间有一段时间可以反省你刚完成与思考过的事情："这有什么意义？""如何利用我曾经做过的事？"同时还让你有时间思考是否还有其他的方式，以及你是如何与别人配合的……你可以检查存货，储藏室的档案柜里也许有尚未使用的资源可以利用。

降低工作量你才有空做广泛而非狭隘的研究。假如你过于专注于自己小小的领域，你不会知道其他领域也许对你目前从事的事有极大的影响。除非有时间广泛涉猎、学习他人所做的事，否则创新不可能发生。

全新的发明极少发生，革新几乎总只是将两种以上已知的观念以新奇的方式组合在一起。例如，罗伯特·富尔敦的商业性汽船就是由两种发明组合而成的：一个是蒸汽引擎，另一个是造船技术。当然富尔敦必须对两种技术都知道一点，才能发展出融合两种技术的新技术。此外，他还需要时间来思考这些事情。有时候降低工作量并非出于自愿，而是环境所能提供的机会有限使然。

像主管一样去思考，去行动

如果你是公司的一员，你就应该抛开任何借口，投入自己的热情和责任，处处为公司着想。

这个世界的大部分人之所以贫穷，不在于他们不够努力，而在于他们永远同时从事两件事：一件是目前在公司所从事的，另一件则是自己真正想做的工作。

如果你能将正在做的工作做得和想做的工作一样认真，那么你一定会快速成长。因为你在为未来做准备，你正在学习一些足以超越目前职位让自己尽快达成目标的技巧。

当你精通了某项工作时，请不要陶醉于一时的成绩，应想一想将来，想一想现在所做的事有没有可以改进的地方？这些将会使你在未来取得更长足的发展和进步。有些问题也许是董事会要考虑的，但如果你考虑了，你就等于朝更高层次迈近了一步。

如果你是主管，你对自己今天所做的工作完全满意吗？别人对你的看法并不重要，最重要的是你对自己的看法。回顾一天的工作，自我反省一下："我是否全力以赴了？"

如果你是主管，你一定希望你的队员能和你一样，将工作视为自己的事业全力以赴做好。因此，当你的主管向你提出这样的要求时，请你不要拒绝。

以主管的心态对待公司，你就会成为一个值得信赖的人，一个主管乐于聘用的人，一个可能成为主管得力助手的人。更重要的是，你就能在快速成长中达成自己目标。

一个将企业视为己有并尽职尽责完成工作的人，终将会拥有自己的事业。许多管理健全的公司，正在创造一些使员工成为公司股东的机会。因为人们发现，当员工成为企业所有者时，他们通常会更加忠诚，更具创造力，更努力工作。有一条永远不变的真理：当你像主管一样思考时，你就成了一名主管。

当你以主管的心态对待公司时，公司也将会按比例付给你报酬的。奖励时间可能不是现在，但明天或明年一定会兑现，只不过兑现的方式不同而已。

然而，在今天这种激烈的竞争环境下，你一定在感慨自己的付出与得到的报酬并不成正比。下一次，当你感觉得不到理想的薪水、未能获得上司赏识时，请提醒自己：你是在自己的公司里为自己做事，你的产品就是你自己。

假设你是主管，试想一想你现在是那种你喜欢雇用的队员吗？

当你正考虑如何避免一份讨厌的差事时请反问自己：如果我是主管，我会如何处理？

当你所采取的行动与你身为一名普通员工时所做的完全相同的话，你已经具有处理更重要事务的能力了，那么你很快就能成为优秀的主管。

水果贩整日面带笑容的快乐智慧

你可以自由，在行动上，在思想上，在情感上，在金钱上，可以自由——豁达。

一位作家讲过这样一个故事：

市场上，果贩遇到了一位难缠的客人。

“这水果这么烂，一斤也要卖 2.5 美元吗？”客人拿着一个水果左看右看。

“我这水果是很不错的，不然你去别家比较比较。”

客人说：“一斤 2 美元，不然我不买。”

小贩还是微笑地说：“先生，我一斤卖你 2 美元，对刚刚向我买的人怎么交代呢？”

“可是，你的水果这么烂。”

“不会的，如果是很完美的，可能一斤就要卖 5 美元了。”小贩依然微笑着。

不论客人的态度如何，小贩依然面带微笑，而且笑得像第一次那样亲切。

客人虽然嫌东嫌西，最后还是以一斤 2.5 美元买了。

有人问小贩何以能始终面带笑容，小贩笑着说：“只有想买货的人才会指出货如何不好。”

小贩完全不在乎别人批评他的水果，并且一点也不生气，不只是修养好而已，也是对自己的水果大有信心的缘故。我们真的比不上小贩，平常有人说我们两句，我们就已经气在心里口难开，更不用说微笑以对了。而且在生活中批评指责我们的，往往是我们最亲近的人和最好的朋友。正所谓：“良药苦口利于病，忠言逆耳利于行。”

豁达是一种博大的胸怀、超然洒脱的态度，也是人类个性最高的境界之一。一般来说，豁达开朗之人比较宽容，能够对别人不同的看法、思想、言论、行为以及他们的宗教信仰、种族观念等都加以理解和尊重。不轻易把自己认为“正确”或者“错误”的东西强加于别人。他们也有不同意别人的观点或做法的时候，但他们会尊重别人的选择，给予别人自由思考和生存的权利。

如果大家希望享有自由的话，每个人均应采取两种态度：在道德方面，大家都应有谦虚的美德，每人都必须持有自己的看法，不一定是对的态度；在心理方面，每人都应有开阔的胸襟与兼容并蓄的雅量来宽容与自己不同甚至相反的意见。换句话说，采取了这两种态度以后，你会容忍我的意见，我也会容忍你的意见，这样大家便都享有自由了。

把注意力都集中于人生目标上

杰出人物之所以会产生震撼世界的重大影响，最主要的原因就是他们把全部的注意力都集中于自己的人生目标之上了。缺少坚忍不拔的精神就等于缺少自我控制，而只有自律的人才能成功地进行自助。

要成为自己的主人是一件十分困难的事情。缺少自律的人主要有下列这些表现：

没有目标，或者有许多不重要的目标，包括啰里啰唆、大话连篇的“目标”。

从不开始。

遇到困难就放弃。

谁具有足够的耐力和顽强不屈的精神，谁就会不断取得成功。

你不能等待成功自动走到你的身边，因为这样的事只有在童话里才会出现。

每个不成功的人都是富有的——在借口上！

无论您是谁，无论您的境况如何，明天太阳将会再次升起！

有一次，有一位来自南美的音乐家到舒勒博士举办的“力量之时”礼拜仪式上做客。这个客人自孩童期始就残废了，双臂只剩下短短的一截。他告诉舒勒博士，自己想和乐团一起去美国旅行。他的音乐充满了乐观主义基调，而他本人的想法也是如此。他相信，每个人都是为了完成一个伟大的使命而降临人世的。他完全不能理解，为什么美国人如此沮丧、抑郁，有那么多可担心的事。你能想象吗？他是一位失去双臂的音乐家，但他想用自己的音乐来激励健全的人们。他不能明白，为什么有些人要毫无缘由地担心害怕。接着，他拿起自己的吉他弹奏起来，那乐声如此美妙，使人们忍不住潸然泪下。那么，失去双臂的他究竟是如何演奏的？用脚！他用脚趾弹出了比所有人们曾听过的用手弹吉他的人更好的音乐。

如果你思考一下自己的人生，那么你就会发现，即便你曾遇到许多问题，但你仍然可以找到无数曾经给你鼓励的美好经历。因此，如果新的问题出现了，你就把这个光荣记录拿出来，看看你迄今为止已经成功地解决了多少疑难问题。让自己静静地在对过去的回忆中沉浸片刻，认识到你在当时是多么有力量，成功地解除你的人生危机。然后，把现在遇到的问题与已经解决的问题进行对比，你就会认识到，鉴于这种对比，你也可以并且必将成功地解决新的问题。

请永远不要浪费超过 10％的时间来思考问题，而是至少用 90％的时间来解决问题！你可以想象，根本没有什么问题。问题是你得以成长的机遇！如果你回避问题，那么问题就会追随你直至梦中；如果你向问题迎面走去，那么你就会因为问题而有所成长，最终成为自己人生的主宰者。

辑三

控制情绪，才能不过低配的人生

为什么你无法长时间胜任一项工作

世界上大多数平凡人都希望自己成为不平凡的人。他们梦想成功，才华获得赏识，能力获得肯定，拥有名誉、地位、财富。遗憾的是，真正能做到的人，微乎其微。

那些成功的人几乎都有一个共同的特征：不论智商高低，也不论从事哪种行业、担任何种职务，他们都能随时保持积极进取的态度，十分看重自己的价值，对目标执着，并且绝对坚持到底。

除了音乐家、画家、运动员等依赖某些天赋的能力才有可能做出一番成就外，绝大多数人都是靠后天的训练与努力获得成功。

一位知名的经济学教授曾经引用三个经济原则做了贴切的比喻。

他指出，正如一个国家选择经济发展策略一样，每个人应该选择自己最擅长的工作，做自己专长的事，才会愉快胜任。

换句话说，你不必羡慕别人，你自己的专长对你才是最有利的，这就是经济学强调的“比较利益”原则。

第二个是“机会成本”原则。一旦自己做了选择之后，你就得放弃其他的选择，两者之间的取舍就反映出这一工作的机会成本，于是你必须全力以赴，增加对工作的认真度。

第三是“效率”原则。工作的成果不在于你工作的时间，而是在于成效的多少，附加值有多高。只有这样，自己的努力才不会白费，才能得到适当的报偿与鼓舞。

机会不是等待，如果你迟疑，它便会投入别人的怀抱，永远弃你而去。你不必看轻自己，你要相信你的能力是独一无二的，你正在完成一件了不起的事，有朝一日，你真的可以变得“很不平凡”。

脚踏实地是你在成长中不可或缺的。每个人在年轻时都会立志，有人想当科学家、发明家，有人想当大文豪，个个看起来志向远大。年轻人难免都会“崇拜偶像”，希望找到自己学习的典型，但不是每个人都能当科学家、发明家。培养一技之长，一步一步去累积自己的个人资源，最终才会如愿以偿。

该花的心血一定要投入，该有的过程一定要经历。人生充满变数，一个人的成败与否，不单看他的资质，还要看毅力。人应该要有梦想，否则就失去了奋斗的目标与方向，但成功的条件必须日积月累地做好准备，你可以立志做大老板，做大文学家，但绝对不要躺在那里等待。

如果你从一开始就在做自己最擅长的事，在选择中注重效率，在成长中把自己的价值最大化踏实地去做，最终会有所成就的。

成功人士的习惯：专注目标和计划

成功和失败，都源于你所养成的习惯。有些人做每一件事，都能选定目标，全力以赴；另外一种人则习惯随波逐流，凡事碰运气。不论你是哪一种人，一旦养成习惯，都很难改变。这种情形我们称之为“惯性”，是宇宙共通的法则。

大自然利用惯性定律，维持宇宙万物彼此之间的关系。小至原子的排列组合，大至星球的运行，一年四季、疾病与健康、生和死，形成井然有序的系统。

拿破仑·希尔在《思考与致富》中说：一粒橡子可以长成橡树，松子萌芽长成松树。大自然从来不会出差错，让橡子长出松树，或是让松子长成橡树。这些都是你看得到的事实。但你是否看得出来，这些都不是偶然发生的，有一种力量造就了它们！

专注的习惯不只是帮助你听和看，还让你记住听到和看到的内容。我们经常发现才过了两分钟，刚才认识的人叫什么名字，就已经想不起来了。主要的原因是，我们第一次听到对方的名字时就心不在焉。

詹姆士·菲利的记性过人。只要见过一次，他就可以牢牢地记住对方的名字，一个都不会忘记。他的方法是，请对方把名字拼出来，菲利会复述一次，问对方是否正确。

卡耐基曾经说过："把所有的鸡蛋都放在一个篮子里，然后站在旁边守着，不让人踢翻篮子。"凭着这种专注的精神，他创立了美国钢铁公司。

成功的人对于目标十分专注，完全无暇顾及其余的事情。他们心无旁骛地做一件事，直到成功为止，然后再设定新的目标，继续努力。

你是否知道自己想要追求什么？是否有确实的计划？那么接下来你就必须专注于这个目标和计划，下定决心，任何阻碍都不能使你动摇。

记住，只要你不自我设限，就不再有任何限制。突破自我设限，任何事情都不能阻止你。

有时“吃亏就是占便宜”

日本绳索大王岛村芳雄年轻时在东京一家包装材料店当店员，靠很低的薪金来养活母亲和3个弟妹。但他并不沮丧，而是在拼命工作的同时，努力寻找成功的突破口。

一天，岛村芳雄在街上漫无目的地散步，注意到女性们——无论是花枝招展的小姐，还是徐娘半老的妇人，除了带着皮包之外，还都提着一个纸袋，这是买东西时商店送给她们装东西用的。“咦！最近提纸袋的人越来越多了。”顿时，岛村芳雄整个的心就被纸袋和绳索占住了。两天后，岛村芳雄到一家跟商店有来往的纸袋工厂参观。果然，正如他所料，工厂忙得不可开交。“做纸袋绳索的生意错不了！”参观之后，岛村芳雄怦然心动，毅然决定大干一番。

岛村芳雄雄心勃勃，但却身无分文。怎么办呢？最后他决定到银行试一试。一到银行，岛村芳雄就滔滔不绝地讲纸袋的使用前景，纸袋绳索制作上的技巧，他的原价推销法以及他对事业的展望，但没有人愿意理睬他，有的银行工作人员甚至把他当作疯子来对待。但岛村芳雄不气馁，他决定把三井银行作为主攻目标，然而他的努力并没有取得成效。态度冷淡的职员们，对他的蔑视态度逐渐表面化，看到他就大发脾气，怒目而视，甚至干脆叫人把他赶出去。

终于上天不负苦心人，3 个月后岛村芳雄第 69 次去三井银行时，对方被他百折不挠的精神所感动，答应贷给他一笔款。而朋友和熟人知道他获得银行贷款后，也纷纷给他物质上的帮助。就这样，岛村芳雄筹足了资金。他辞去店员的工作，设立凡芳商会，开始了绳索贩卖业务。他深信，虽然自己的条件比别人差，但只要坚持“原价推销商法”，就一定能在竞争激烈的日本商界站稳脚跟。

首先，岛村芳雄前往产麻地冈山的麻绳厂，将该厂生产的每条 45 厘米长的麻绳以 5 角钱一条的价格大量买进，然后他将麻绳按原价转卖给东京一带的纸袋工厂。这种完全没有利润反而赔本的生意做了 1 年之后，“岛村绳索”名声远扬，成百上千的订货单从各地滚滚而来。

接着，岛村芳雄按部就班地采取他的行动。他拿着购物品收据前去订货客户处诉说：“到现在为止，我没赚你们 1 分钱，如果让我继续这样为你们服务下去的话，我便只有破产这条路可走了。”客户为岛村芳雄的诚实所感动，心甘情愿地把交货价格提高为5角5分钱。随后，岛村芳雄又到冈山找麻绳厂的厂商商洽："您卖给我的麻绳每条5角钱，我一直是照原价卖给别人的。所以才能得到现在这么多的订货。但是如果让这赔本的生意继续下去的话，我就只有等关门倒闭了。"冈山的厂商一看他开给客户的收据存根，大吃一惊，像这样自愿不赚钱做生意的人，他们还是生平头一次遇到。于是不加考虑，一口答应供给他的麻绳每条只收4角5分钱。

于是，岛村芳雄取得了较为可观的利润，他的公司也开始盈利。两年后，岛村芳雄把凡芳商会改为了公司组织，并逐步成为日本最出色的"绳索大王"。

岛村芳雄的成功告诉我们有时"吃亏就是占便宜"。岛村芳雄的原价推销法只赔不赚，亏了自己，"肥"了他的客户，但却因为使客户尝到了"甜头"，而获得了成百上千的订单，并得到了商界和广大客户的信任，无往而不利，从一个穷光蛋摇身一变，成为日本绳索大王。唐朝布袋和尚写过一首禅诗，讲的也是同样的道理："手把青秧插满田，低头便见水中天。心地清净方为道，退步原来是向前！"

处在对方的位置上，会做何感想

美国管理学家玛丽·凯曾在她的演讲中举过这样一个例子：一次她参加了一整天的销售练习，很渴望和销售经理握握手。那位经理刚刚做了一篇激励士气的演讲。玛丽·凯在队伍里排了3个小时，最后好不容易见到了那位经理。但经理却根本没用正眼瞧她，而是从她肩膀望过去，看看队伍还有多长。玛丽·凯等了3个小时，就获得了这样一个交代！她觉得自己受到了侮辱和伤害。

从那时起，玛丽·凯立志做一个经理，“如果有一天人们排队来和我握手，我将给每个来到我面前的人全部的注意——不管我自己多么疲劳！”玛丽·凯的宏愿终于成为现实。她说：“我很幸运，玛丽·凯化妆品公司今天已经成为一家大公司，我有很多次站在长长的队伍前，和上百位人士做长达数小时的握手。我感到很疲劳的时候，总会想起自己从前排队和那位销售经理握手的情形。然后立即打起精神，直视握手者的眼睛，尽可能地说些比较亲切的话，也许只是几句简短的闲谈，如‘我喜欢你的发型！’或‘你的衣裳漂亮极了！’我尽可能给予对方全然的注意，而且绝不允许其他事情来打扰我。在握手时，我视对方为最重要的人！”

玛丽·凯亲身体会过被人漠视的痛苦，因此努力使她的每一个员工都获得重视、关照和注意。这一方法，帮助玛丽·凯融洽了上下级关系，调动了下属的积极性，使玛丽·凯公司发展成为拥有 21 万员工的国际性大公司，而她本人也成了美国企业界最成功的人士之一。

营业员总觉得顾客喜欢找麻烦，顾客则总认为营业员不尽忠职守；做下属的，觉得上级不了解实际，不体谅群众困难；做领导的，又都觉得下属不听话、不服从领导……因为看问题的角度不同，人与人之间总会发生冲突，出现交往障碍。而要想克服这一问题，就必须进行角色互换，即：设身处地地为对方着想，假设自己处在对方的位置上，会做何感想？这样，才能更好地理解与包容对方的行为和态度，从而避免不必要的矛盾与冲突。

与自己发出来的怒气进行一次对话

怎样才能在工作中保持激情，不无端发脾气、不因工作枯燥而心灰意冷呢？

愤怒确实在工作中存在着。在高度压抑的日本社会里，商人发明付钱砸东西的“解脱室”，供怒气难扼又无处发泄的人宣泄。来到解脱室的人需付费，依照费用高低拿到各种陶瓷花瓶、器皿或小雕像，客人通常会先写上痛恨者的名字,边破口大骂边将手中小雕像往墙壁用力一砸。适度地生气是一种能量的释放。砸东西、踢家具等借着外物转移情绪，可以暂时缓解怒气。

事实上，正确的发泄愤怒，要先找到怒气的根源。愤怒一般可以分为两类：一类是因为时间压力或资源不足所导致，比如赶着上班时车子不小心擦撞而迟到被骂；小孩互抢玩具打了起来。另一种类型的愤怒比较麻烦，它经常是怒气压抑累积的结果，火力强大，杀伤力惊人，几乎到了摊牌、丑话尽出的程度。有时候不见得与自己直接相关，可能只是看不惯某个人的作风或某种互动关系，就忍无可忍大动肝火。

当怒气无法遏制时，我们应该与自己迸发出来的怒气进行一次对话。我们不妨对自己说，“他的行为根本与自己没关系啊，为什么生那么大的气呢？”接着深呼吸，强迫心跳、血压恢复正常状态，或者离开现场找个安静的环境，活动身体、打球或做体操。同时，了解自己一天情绪的起伏变化后，接着去问原因，并给自己一段时间去寻找“怒”从何来。

闭上嘴，因为盛怒时的舌头像把利剑，容易刺伤人。

当在工作中出现糟糕情绪时，我们必须虚心检讨自己的工作表现，如果因为努力不够，而使表现不佳，就必须加倍付出。如果因为本身专长与工作所需不同，而限制了自己的发展，则可以多与主管请教，或是设法求助于人力资源部门，考虑在内部转换跑道，争取有利自己的发挥空间。

好的情绪可以使人乐观向上，办事果断，富有创造性和灵感。我们可以尝试一些很细微的改变，来调动自己的情绪。人在安定的生活中，往往觉得沉闷、没有生机、提不起精神，如果适时地对稳定的习惯做些小的变动，就会有一种新鲜感。如对办公室或居室进行一些小的调整，改变一下装饰，试着交个新朋友，投入一种新的爱好等。

经常衣冠不整，蓬头垢面，不仅影响情绪，也会使自己处于尴尬的状态。

为了保持自己良好的情绪，应积极去寻找，接触那些温暖、柔和而又富有活力的颜色，如绿色、粉红色、浅蓝色等。

走进大自然，大自然的奇山秀水常能震撼人的心灵；登上高山，会顿感心胸开阔；放眼大海，会有超脱之感；走进森林，就会觉得一切都那么清新。这种美好的感觉往往都是良好的情绪的诱导剂。

欣赏音乐。在抒情优美的音乐中，会觉得精神振奋，情绪饱满，信心倍增。

多接触阳光。研究表明，在阴雨天，人往往容易出现情绪低落的现象，这是人受阳光照射太少而引起的，所以应该多晒晒太阳。

尝试着和愤怒做一次对话。如果我们送给别人礼物别人没接受，那么礼物仍然属于我们自己。如果我们不能改变天气，那么我们就要学会改变心情；如果我们不能改变环境，那么我们就要尝试改变自己。

良性暗示能战胜懦弱和恐惧

同样半杯水，消极者说，我只剩下了半杯水。积极者说，我还有半杯水！同样拥有，却有两种截然不同的人生态度与价值判断，即两种截然不同的自我心理暗示。

心理学家把心理暗示分为“良性暗示”和“负面暗示”两种。例如，清晨对着镜子梳妆打扮，如果看到自己脸色很好，就会心情舒畅，这是良性暗示。如果在镜子中，发现自己脸色不好，眼皮略有浮肿，怀疑自己肾脏可能出了毛病，就感到了腰痛，这是一种负面暗示。

暗示是一种被主观意愿肯定了的假设，不一定有根据，但由于主观上已肯定了它的存在，心理上便随之出现竭力趋于结果的内容。

上帝总是引领你去见你一直想见的那个人。

拿破仑·希尔曾讲过一个班·库相的故事。

在库相读了第一本荷拉修的书几个月之后，他又到铁路上去拣煤。隔开一段距离，他看见3个影子在一个房子的后面飞奔。他最初的想法是转身就跑，但很快他记起了他所倾慕的书中主人公的勇敢精神，于是他把煤桶握得更紧，一直向前大步走去，犹如他是荷拉修书中的一个英雄。

这是一场恶战。3个男孩一起冲向库相。库相丢开铁桶，坚强地挥动双臂进行抵抗，使得这3个恃强凌弱的孩子大吃一惊。库相的右手猛击一个孩子的嘴唇和鼻子，左手猛击这个孩子的胃部。这个孩子便停止打架，转身溜跑了，这也使库相大吃一惊。同时，另外两个孩子正在对他进行拳打脚踢。库相设法推走了一个孩子，把另一个打倒，用肘部猛击他，而且发疯似的打他的腹部和下巴。

现在只剩下一个了，他是孩子头，已经跳到库相的身上，库相用力把他推到一边，站起身来。大约有一秒钟，两个人就这么面对面站着，狠狠瞪着对方，互不相让。

后来，这个小头头一点一点地退后，然后拔腿就跑。库相也许出于一时气愤，拾起一块煤炭朝他扔了过去。库相这时才发现自己的鼻子挂了彩，身上也青一块、紫一块。

这一仗打得真好。这是他一生中重要的一天，那一天他已经克服了恐惧。库相并不比去年强壮多少，那些坏蛋的凶悍也没有收敛多少，不同的是他的心态已经有了改变。他已经学会了克服恐惧、不怕危险，再也不受坏蛋欺负。

从那时开始，他要自己来改变环境，他果然做到了。通过运用良性暗示，班·库相战胜了懦弱，战胜了恐惧，最终成为全美最受尊敬的法官之一。

人生中什么最重要

有一个富翁，小时候家里很穷。他的父母都是农民，他从小就生存在饥饿和窘迫之中。节日的衣服、过年的压岁钱、喜庆的爆竹、父母的呵护……这些本该属于孩子的专利，却统统与他无缘。

但令这个富翁感动的是，在那段最艰难的时候，有一个小伙伴始终无私、真诚地关心与呵护着他。如果那个小伙伴手里有两块糖果，肯定有他的一块；如果那个小伙伴手里有一个馍馍，肯定会分一半给他。在贫穷和饥饿之中，还有什么比这更宝贵呢？

一眨眼三十年过去了。在这段时间里，世界上的许多事情都变了模样。经过三十年的奔波劳碌、摸爬滚打，这个昔日在贫穷中挣扎的孩子，如今已成长为一个稳健、精明、魅力非凡的企业家。有一天，少小离家的富翁动了思乡之念，于是，在一个艳阳高照的日子里，他回到了家乡。当日，他走遍全村，感谢叔伯大爷、兄弟姐妹这些年来对父母的照顾，并每家送了一份礼品。夜里，富翁在自家的堂屋里摆桌请客，赴宴者全是从小光着屁股一块儿长大的玩伴。他们自然也都是四十几岁的中年人了。

按那里的风俗，真诚赴宴者都要带点礼品表示谢意。大家来的时候，都带着礼品，有的还很丰厚。富翁令人一一收下，准备宴席之后，再请大家带回。当然，每个来赴宴者还能得到一份礼品。正在大家准备开始吃的时候，富翁幼时的那位玩伴走了进来，连声说：“对不起，我来晚了。”

富翁知道这个朋友目前日子过得很艰难，他忙起身，接过这位朋友提来的酒，并把他拉到自己身边的座位上坐下。朋友的眼里闪过几丝不易觉察的慌乱。

富翁亲自把盏，举着手里的酒瓶，说：“今天，我们就先喝这一瓶酒，如何？”一边说，一边给大家一一倒满，然后大家一饮而尽。

“味道咋样？”富翁问，所有赴宴者面面相觑，默不作声。旧友更是面红耳赤，低下了头。富翁瞧了一眼全场，沉吟片刻，慢慢地说：“这些年来，我走了很多地方，喝过各种各样的酒。但是，却没有一种酒比今天的酒更好喝，更有味道，更让我感动……”说着，他站起身，拿起酒瓶，又一次给大家斟酒，“再干一杯。”

喝完之后，富翁的眼睛湿润了，朋友也情难自抑，流下了激动的眼泪。

他们喝的哪里是酒，分明是一瓶水啊！

人生中什么最重要？不是金钱，不是地位，而是至真至纯的情谊。在这凉薄的尘世间，锦上添花易，雪中送炭难。多少人在你得势时为你献上谄媚的笑容，可又有几人在你失意时依然将你陪伴？正因如此，文中那种未被污染的纯粹的友谊才显得尤为珍贵与难得！而那瓶平淡无奇的白开水，是用一颗真挚的心酿制而成的，所以品来才那样的甜美、醇香！

一旦失去自制，谁都能打败你

在拿破仑·希尔事业生涯的初期，他发现，缺乏自制会对生活造成极为可怕的破坏。这是从一个十分普通的事件中发现的。这项发现使拿破仑·希尔获得了一生当中最重要的一次教训。

有一天，拿破仑·希尔和办公室大楼目不识丁的管理员发生了一场误会。这场误会导致了他们两人之间彼此憎恨，甚至演变成激烈的敌对状态。这位管理员为了显示他对拿破仑·希尔的不悦，当他知道整栋大楼里只有拿破仑·希尔一个人在办公室中工作时，他立刻把大楼的电灯全部关掉。这种情形一连发生了几次，最后，拿破仑·希尔决定进行“反击”。某个星期天，机会来了，拿破仑·希尔到书房里准备一篇预备在第二天晚上发表的演讲稿，当他刚刚在书桌前坐好时，电灯熄灭了。

拿破仑·希尔立刻跳起来，奔向大楼地下室，他知道可以在那儿找到这位管理员。当拿破仑·希尔到那儿时，发现管理员正忙着把煤炭一铲一铲地送进锅炉内，同时一面吹着口哨，仿佛什么事情都未发生似的。

拿破仑·希尔一连 5 分钟之久对他破口大骂。

这时候，管理员站直身体，转过头来，脸上露出开朗的微笑。并以一种充满镇静与自制的柔和声调说道：

“呀，你今天早上有点儿激动吧，不是吗？”

他的这段话就像一把锐利的短剑，一下子刺进拿破仑·希尔的身体。

拿破仑·希尔转过身子，以最快的速度回到办公室。他再也没有其他事情可做了。当拿破仑·希尔把这件事反省了一遍之后，他立即看出了自己的错误。但是，坦率说来，他很不愿意采取行动来化解自己的错误。

拿破仑·希尔知道，必须向那个人道歉，内心才能平静。最后，他费了很久的时间才下定决心，决定到地下室去，忍受必须忍受的这个羞辱。

拿破仑·希尔告诉管理员：“我是回来为我的行为道

歉的——如果你愿意接受的话。”管理员脸上又露出那种微笑，他说：

“你用不着向我道歉。除了这四堵墙壁，以及你和我之外，并没有人听见你刚才所说的话。我不会把它说出去的，我知道你也不会说出去的，因此，我们不如就把此事忘了吧。”

这段话对拿破仑·希尔所造成的伤害更甚于他第一次所说的话，因为他不仅表示愿意原谅拿破仑·希尔，实际上更表示愿意协助拿破仑·希尔隐瞒此事，不使它宣扬出去，对拿破仑·希尔造成伤害。

拿破仑·希尔向他走过去，抓住他的手，使劲握了握；拿破仑·希尔不仅是用手和他握手，更是用心和他握手。在走回办公室途中，拿破仑·希尔感到心情十分愉快，因为他终于鼓起勇气，化解了自己做错的事。

在这件事发生之后，拿破仑·希尔下定了决心，以后绝不再失去自制。

因为一旦失去自制之后，另一个人——不管是名目不识丁的管理员还是有教养的绅士——都能轻易地将他打败。

四位遭遇挫折与逆境的伟大作家

身体对于食物的反应，决定身体健康。情绪对于外在刺激所产生的反应，则影响心理的健康。每天所经历的事情，有些有益心理健康，有些则必须及时排除，以免危害心理健康。

如果你的心境理智平和，自然会过滤所有对你不利的思想和情绪，而不会受到影响。你必须先抛开所有消极与否定的思想，才能达到此种理想的境界。

所谓的“抛开”，就是把消极的思想，转变为积极的思想。只要转移你的思绪，多想想愉快的事情，你的内心将非常的平静。

欧·亨利曾经因为犯案而被判刑，其后他致力于写作，终于成为文学史上不朽的人物。

杰克·伦敦把早年遭受的挫折写成小说，成为举国知名的作家，那些故事至今仍然被视为文学的瑰宝。

挪威的移民努特·汉生一生尝试许多事情都告失败。最后，在绝望之中，他决定把所有失望的故事写成一本书，书名是《饥饿》。这本书让汉生赢得诺贝尔文学奖，来自世界各地登门求稿的出版商络绎不绝，使他名利双收，从此悠闲度日。

每个人一生所经历的事情，不论是好或坏，事件的本身并不重要，重要的是你对事情的感受及反应。每个人都可以把所有不愉快的经验，转变成对个人及世界极有利的契机。

狄更斯的初恋失败了。他没有从高楼跳下轻生，或是吞服大量的安眠药。他把苦恋写成《大卫·科波菲尔》一书，使他在文坛大放异彩，拥有了无上的荣耀和财富。

我们必须承受一连串的挫折、失望、打击和失败，才能找到真正的自我。我们所谓的失败和打击，大多会使我们发掘更多的机会，得到更大的快乐，更能领悟人生的真意。

人们通常会在遭受灾难之后，才能找到自己。这是为什么呢？除了造物者刻意的安排，似乎没有其他的解释。有一名矿工穷其一生都在寻找金矿。他忠实的骡子，驮着所有家当和淘金的工具，跟着他四处寻宝。有一次骡子掉进一个洞里，跌断了腿，矿工只好开枪射杀骡子。在他设法把骡子的腿从洞里拉出来时，意外发现了世界上最丰富的铜矿。

记住，每当你遭遇挫折或逆境，都可能有一位无形的朋友默默地努力，想要解救你脱离困境。你是不是准备好去抓他的手呢？

做人要有“不倒翁”精神

人生成功的秘诀只有那些在奋斗中尚未成功的人才知道。成功就像是马拉松式的长跑，只有最后冲刺的瞬间，你才实现了质变！而在此之前，你一直都被定义为失败者，或者被定义为尚未成功者。但正是这漫长的积累，才铸就最终的冲刺。

在没有成功以前，你需要保持企图心的活力，无论什么时候开始奋斗，都不晚。

每当我们开始干一件事时，总难免要失败。你的人生也是这样的。如果害怕失败，那你将一事无成。如果你已经有了一个可爱的儿子或者女儿，常常跟同样有孩子的人在一起，你就会常常听到这样的话：“孩子只要能立就能走，能走就能跑。”每个家长都懂得孩子不摔几次跤是学不会走和跑的。而当他们看到自己的孩子在跌倒中学会走路时，心情是非常激动的。事实上，所有人都是这样长大的。

生活也是如此，工作也是一样。只有在失败中，我们才能真正学到本领。

英国小说家、剧作家柯鲁德·史密斯曾经这样说：“对于我们来说，最大的荣幸就是每个人都失败过。而且每当我们跌倒时都能爬起来。”

日本人把“不倒翁”这一玩具称为“永远向上的小法师”。每当人们参加竞选的时候，就有用它当成装饰品的习惯。有的人把“不倒翁”的一只眼涂黑；还有的人若是当选了，就把“不倒翁”的下半身涂黑，以示庆祝。

“不倒翁”因为重心在下面，所以无论你怎样推它，只要一松手，它就会马上弹起来，因此是个很招人喜欢的玩具。

正是因为不断地经受磨难，人才能变得更加坚强。在日本有“八起会”，这是那些因不走运而倒闭的经营者们的集会。他们的领导者曾以“失败是开路的手杖”为题，为“八起会”的成员们做了讲演，这给予当时在座者以极大的鼓舞。

的确，人们从失败的教训中学到的东西，比从成功的经验中学到的还要多。

失败的原因很多。其中有骄傲自大、过分自满、夸海口、滥用职权等。总之，大体上都是因为一些小事而导致巨大的损失。韩非子曾说过：“不会被一座山压倒，却可能被一块石头绊倒。”但是，无论什么样的失败，只要你跌倒后又爬起来，跌倒的教训就会成为有益的经验，帮助你取得未来的成功。

你要化侮辱为力量

面对侮辱自己的人，最好的报复不是去侮辱他一顿，而是努力化耻辱为力量，奋勇拼搏，争取创一番成就，让他好好看一看。

美国历史上大名鼎鼎的大律师丹诺，就是这样一个化耻辱为力量的典型例子。

一座小学校的女教员拧了一个小学生的耳朵，因为这个学生坐在椅子上不安分地动个不停。她是当着许多学生的面拧他的耳朵的，受到了这一莫大的羞辱，这个小孩在回家的路上，哭个不停。他那时才 5 岁，但是他却觉得自己受了很大的虐待和不公，他开始憎恨残酷的暴力和不公正，并发誓一生都要为此而抗争。

那个小孩的名字就是克拉伦斯·丹诺，后来，他成了美国最著名的律师，毫无疑问，他是那个时代最伟大的刑事律师。

他的名字有好几次在全美各大报纸上以特大号的字体登出过。他是一个仗义之士、革命者、叛逆、斗士，他是被压迫者的福音。

他第一次代理的案件，至今还被俄亥俄州阿什塔比拉城的老人们谈论着。这桩激烈的案件，却只是为了一套仅值 5 元钱的旧马鞍，或许有人会问："为什么啊？这值得吗？"但是丹诺却认为这牵涉到一个根本的原则性问题。不公平伸出来的丑恶的利爪，激发了丹诺要与之抗争的斗志。

委托人只愿为此案出 5 元钱的诉讼费，这样丹诺就自己承担了其他的诉讼费，这一案件前前后后经过了 7 个庭，争辩了 7 年——最后他终于胜诉了。

丹诺从来不曾对金钱和权势有过野心，他说自己永远是一个懒汉。他原本是乡下的一名教员。有一天，在他那原本平静的生活中发生了一件改变了他一生命运的事。当时城里有一位铁匠，他在工作之余，自学法律。

一天丹诺在这位铁匠家里，听到他和别人辩论一个案件，他不禁惊叹于这位铁匠的机智和演说口才。那位铁匠在与人辩论时的风采深深地吸引了他，他也想去试一试。于是，他向那个铁匠借了一本法律书，开始自学起法律来。

每个星期一的早晨，他都把那本书带到学校去，当他的学生在做数学题或学地理时，他就抽空翻翻那本书。他承认，假如不是后来发生了一些事促使他奋发向上的话，他可能一辈子也就是个乡村教师了。

他和他太太决定从阿什塔比拉城的一位牙医手中买下一所小房子，双方事先达成协议总房价为3500元。丹诺从银行取出他仅有的500元积蓄，剩下的3000元双方商定采用分期付款的方式支付。这宗买卖几乎就算办妥了，但到了最后，牙医的太太却无理地拒绝在合同上签字，不但如此，他还带着侮辱的口气对丹诺说道：

“嘿，小伙子，我就不相信你这一辈子能赚出3500元来。”

丹诺愤怒极了。他再也不能在这个城里待下去了。激愤之下，他一甩手去了芝加哥。

他在芝加哥第一年只赚了300元——这点钱还不够付房租。但第二年他的收入却是第一年的10倍——达到了3000元——这是他担任该城特别律师所得到的报酬。不久他就当上了芝加哥西北铁路公司的大律师。

正所谓“生气莫如争气”，同样是面对耻辱，不同的态度所产生的后果是截然相反的，丹诺的做法其实是表明了这样一种人生的态度：

当有人侮辱我们时，我们不应气急败坏或顿足捶胸地想着如何报复，而应好好地反思一下自身，找出自己的不足之处加以改进。

只有品格逐渐完善了，人们对一个人的侮辱也就自然会转为赞美。

热忱和自制必须相等平衡

拿破仑·希尔对美国各监狱的16万名成年犯人做过一项调查，发现了一个惊人的事实，这些不幸的男女犯人之所以沦落到监狱中，有90%的人是因为缺乏必要的自制，因此，未能把他们的精力用在积极有益的方面。

要想做个极为“平衡”的人，你身上的热忱和自制必须相等而平衡。缺乏自制是一般推销员最具破坏性的缺点之一。客户说了几句这位推销员所不希望听到的话，如果后者缺乏自制能力的话，他会立即针锋相对，用同样的话进行反击，这对他的销售势力是最严重的致命伤害。

在芝加哥一家大百货公司里拿破仑·希尔亲眼看到了一件事，说明自制的重要性。在这家百货公司受理顾客提出抱怨的柜台前，许多女士排着长长的队伍，争着向柜台后的那位年轻女郎诉说他们所遭遇的困难，以及这家公司不对的地方。在这些投诉的妇女中，有的十分愤怒且蛮不讲理，有的甚至讲出很难听的话。柜台后的这位年轻小姐一一接待了这些愤怒而不满的妇女，丝毫未表现出任何憎恶。她脸上带着微笑，指导这些妇女们前往合适的部门，她的态度优雅而镇静，拿破仑·希尔对她的自制修养大感惊讶。

站在她背后的是另一个年轻女郎，在一些纸条上写下一些字，然后把纸条交给站在前面的那位女郎。这些纸条很简要地记下妇女们抱怨的内容，但省略了这些妇女原有的尖酸而愤怒的语气。原来，站在柜台后面，面带微笑聆听顾客抱怨的这位年轻女郎是位聋子。她的助手通过纸条把所有必要的事实告诉她。

拿破仑·希尔对这种安排十分感兴趣，于是便去访问这家百货公司的经理。他告诉拿破仑·希尔，他之所以挑选一名耳聋的女郎担任公司中最艰难而又最重要的一项工作，主要是因为他一直找不到其他具有足够自制力的人来担任这项工作。拿破仑·希尔站在那儿观看那群排成长队的妇女，并且发现，柜台后面那位年轻女郎脸上亲切的微笑，对这些愤怒的妇女们产生了良好的影响。她们来到她面前时，个个像是咆哮怒吼的野狼，但当她们离开时，个个像是温顺柔和的绵羊。事实上，她们之中的某些人离开时，脸上甚至露出羞怯的神情，因为这位年轻女郎的“自制”已使她们对自己的作为感到惭愧。

自从拿破仑·希尔亲眼看到那一幕之后，每当对自己所不喜欢听到的评论感到不耐烦时，就立刻想起了柜台后面那名女郎的自制而镇静的神态。而且他经常这么想：每个人都应该有一副“心理耳罩”，有时候可以用来遮住自己的双耳。拿破仑·希尔个人已经养成一种习惯，对于所不愿听到的那些无聊谈话，可以把两个耳朵“闭上”，以免在听到之后徒增憎恨与愤怒。

生命十分短暂，有很多建设性的工作等待我们去进行，因此，我们不必对说出我们不喜欢听到的话语的每个人去进行“反击”。

拿破仑·希尔在执行律师业务期间，曾经注意到一项十分聪明的诡计，是辩护律师专门用来套取对方证人证词的。因为这些证人对于对方律师的质问往往回答说“我不记得了”或是“我不知道”，当辩护律师使用各种方法企图套取这种证人的证词而告失败的时候他就会设法激怒这名证人。而这名证人在愤怒的情况下，往往会失去自制，说出他在冷静的情况下不会说出的一些证词。

辑四

挖掘内心的力量，你的人生永不设限

成功，从小小的信念开始

缺乏坚定的信念，是很多人的一大通病。但下面这个人不这样。

罗杰·罗尔斯是美国纽约州历史上第一位黑人州长。

他出生在纽约声名狼藉的大沙头贫民窟。

这里环境肮脏，充满暴力，是偷渡者和流浪汉的聚集地。

在这儿出生的孩子，耳濡目染，他们从小逃学、打架、偷窃，甚至吸毒，长大后很少有人从事体面的职业。

然而，罗杰·罗尔斯是个例外，他不仅考入了大学，而且成了州长。

在就职的记者招待会上，一位记者对他提问：是什么把你推向州长宝座的？

面对300多名记者，罗尔斯对自己的奋斗史只字未提，只谈到了他上小学时的校长——皮尔·保罗。

1961年，皮尔·保罗被聘为诺必塔小学的董事兼校长。

当时正值美国嬉皮士流行的时代，他走进大沙头诺必塔小学的时候，发现这儿的穷孩子比“迷惘的一代”还要无所事事。

他们不与老师合作，旷课、斗殴，甚至砸烂教室的黑板。

皮尔·保罗想了很多办法来引导他们，可是没有一个是奏效的。

后来他发现这些孩子都很迷信，于是在他上课的时候就多了一项内容——给学生看手相，他用这个办法来鼓励学生。

当罗尔斯从窗台上跳下，伸着小手走向讲台时，皮尔·保罗说：“我一看你修长的小拇指就知道，将来你是纽约州的州长。”

当时，罗尔斯大吃一惊，因为长这么大，只有他奶奶让他振奋过一次，说他可以成为5吨重的小船的船长。

这一次，皮尔·保罗先生竟说他可以成为纽约州的州长，着实出乎他的预料。

他记下了这句话，并且相信了它。

从那天起，“纽约州州长”就像一面旗帜，罗尔斯的衣服不再沾满泥土，说话时也不再夹杂污言秽语。

他开始挺直腰杆走路，在之后的40多年间，他没有一天不按州长的标准要求自己。51岁那年，他终于成了州长。

在就职演说中，罗尔斯说：“信念值多少钱？信念是不值钱的，它有时甚至是一个善意的欺骗，然而你一旦坚持下去，它就会迅速升值。”

在这个世界上，信念这种东西任何人都可以免费获得，所有成功的人，最初都是从一个小小的信念开始的。信念就是所有奇迹的萌发点。

人必须有自信，世界才会因你而精彩

人必须有自信，这是成功的秘密。

人们总会按照我们看待自己的眼光来评价自我，我们认为自己有多少价值，就不能期望别人把我们看得更重。一旦我们踏入社会，人们就会从我们的脸上、从我们的眼神中去判断，他们可以从我们处理问题和对待工作的态度上，清楚地知道我们到底赋予了自己多高的价值。

伟人无一例外地都对自己拥有超乎常人的信心。恺撒有一次在船上遭遇暴风雨，艄公非常担心，恺撒自信地说：

“怕什么？你是和恺撒在一起！”许多伟大的作家，都直言不讳地大谈自己在文学史上的地位。这些都是充满自信心的表现。

一个拥有强烈信心的人，在团队之中，更容易成为有号召力的人，也更容易获得别人的信赖。

因此，即使你是一个刚刚开始规划人生的青年，也应该从第一天开始，就赋予自己强烈的自信心。告诉自己：世界因你而精彩！

罗马伟大的演说家西塞罗，在面对贵族“你不过只是一个平民”的嘲讽时，自信地说：“不错，我只是一个平民，但我的贵族家世将因我而开始，而你的贵族家世将因你而结束。”

自信会创造出一个人自己都无法想象的奇迹。我们必须明白，我们拥有一切，并不比别人缺少什么。如果我们曾经懦弱或者退缩过，就应该把丢失的自信找回来。

有一个很小很小的岛，因为觉得自己实在是太小了，于是就自惭形秽地向上帝诉苦说：“上帝啊！你为什么让我生得这么渺小可怜呢？放眼世界，几乎任何一块土地都比我来得高，别人总是巍然而立，高高在上，甚至耸入云端，显得那么壮观伟大，我却孤零零地卧在海面，退潮时高不了好多，涨潮时还要担心被淹没。请您要不然将我提拔成喜马拉雅山，要不然就将我毁灭吧！因为我实在不愿意这样可怜地活下去了。”

上帝看着这个小岛，对它说：“且看看你周围的海洋，它们占地球面积的3/4，也就说，有3/4的土地在那下面，它们吸不到一点新鲜的空气，见不到半分和煦的阳光，你有幸能够成为露出海面的1/4，还有什么可抱怨的呢？”

听了上帝的话，小岛豁然开朗地说：“请饶恕我的愚蠢，维持我崇高的卑微吧！感谢上帝，我已经太满足了！”

我们每一个人生活在这世界上，也像这个小岛一样，曾经为自己的渺小卑微而苦恼过。但是想一想，我们有幸成为一个健康的人，过着正常的生活，可以自由地选择自己喜欢的职业，不必忍受与爱人分离的痛苦，这一切又是多少人梦寐以求而得不到的。

做一个快乐自信的人，把自己本应该奉献给世界的那份精彩呈现出来，这个世界上注定应该有你的声音。

请你记住，你是与众不同的

无论何时何地，请你记住，你是与众不同的，你是这世界上独一无二的造化。

一位西方青年在镜前沉思："嗯！从身材上看，我是矮小的，但拿破仑、维克多·雨果二位不也是这般吗？我的前额不宽，天庭欠圆，可苏格拉底和斯宾诺莎也是如此；我承认我是秃顶，这并不寒碜，因为大名鼎鼎的莎士比亚与我为伴；我的鹰鼻弯长，如同伏尔泰和乔治·华盛顿的一样；我的双眼凹陷，哲人尼采亦是这般；我那肥厚嘴唇足以同路易十四媲美，而我那粗胖的颈脖堪与汉尼拔和马克·安东尼齐肩。"

沉默了片刻，他继续想："我的耳朵太长，可谓与兽耳半斤八两，不过塞万提斯的招风耳也是这般模样；我的颧骨隆耸，面颊凹陷，有拉法叶特和林肯与我为伴；我那后缩的下颌与威廉·皮特和哥德斯密不分轩轾；我那一高一低的双肩，可以从甘必大那儿寻得渊源；我的手掌肥厚，手指粗短，大天文学家爱丁顿也是这般。不错，我的身体是有缺陷，但要注意，这是伟大的思想家们的共同特点。更奇怪的是我与巴尔扎克一样，阅读写作时，咖啡壶一定要放在身旁；我同托尔斯泰一样，愿意与粗俗的民众交际攀谈；有时我三四天不洗手脸，贝多芬、惠特曼亦有这一习惯；我在放松消遣时，总愿偷听那些长舌妇们絮叨她们在其丈夫出远门后的种种行端，令人惊讶的是卜伽丘也是擅长此道的好汉；我的嗜酒如命足令马娄和诺亚自愧弗如；我饕餮般的暴食暴饮使巴夏酋长和亚历山大王也要大出冷汗。”

又沉默了片刻，“这就是我！这就是我的实在。我拥有迄今为止人类历史上的伟人们的种种品质。一位拥有这么多伟大品质的青年是一定能干一番石破天惊的事业的。睿智的实质是认识自我。伟人们把宇宙的这一伟大思想根植于我心灵深处，并激励我开始去干伟大的工作。从诺亚方舟到苏格拉底，从卜伽丘到雪莱，我伴随着伟人们一起度过了历史的风风雨雨。我不知道我会以什么样的伟大行动开始，不过一个兼备在白昼的劳作和夜晚的幻梦中所形成的神秘自我和真正本性的人，无疑是可以拓创伟业的。……是的，我已经认识了自己，而神灵也已洞鉴了我。啊！我的灵魂万岁！自我万岁！愿天长地久，诸事如愿！”

这位青年的认识也许有些偏颇——他把伟人的缺点与自己的缺憾相比，因为他的五官与身材实在使人无法恭维,但他清楚地认识到自己和伟人之间并没有本质的区别。

将自己的每一条优点都列出来，以赞赏的眼光看看他们。经常看，最好背下来。将注意力集中于自己的优点，你会在心里树立信心：我是一个有价值、有能力、与众不同的人。

镜子中的那个人，才是真正的你

你了解自己吗?

想对自己多了解一点，有个好方法，那就是自己对着镜子照一照。站在镜子前面，越久越好。你仔细看一看自己，真正仔细地看一看自己。

先看一看自己在镜子中的影像，然后说：“这个人擅长……另外,如果能增进……方面的技能,那就更有用了。”并摘要记下答案。

然后，仍然继续注视着你在镜子中的影像，思考一下，你在这世界上要做些什么？“这个人完成了……现在正在做，或是打算要做……不过，如果能往外发展，继续……那就比较有益了。”

最后，“这个人有什么与众不同的地方……因此，对于自己的感受是……”

显然，你可能希望在省略号中填入许多。这个照镜子的练习方式，有个主要的目的，那就是你会对自己会了解得更清楚。

每个人都有长处与短处、优点与缺点。世上没有只有缺点而无优点的人；同样，也绝对没有只有优点而无缺点的人。明白这一点，你就能坦然正视自己的短处，在他人指出你的不是时，你也不会再像以前那样，一个劲儿地想尽办法反驳，反而会坦然地接受别人的意见。

在别人指出我们的缺点时，我们应该反省一下，自己为什么会有那么多缺点？为什么以前没有注意到？是不是自己真如他人所说的那样？然后根据反思，对症下药，早日改掉那些缺点。

自我认识也是了解他人的欲望与行动最有效的方法。如果你能够正确认识自我的欲望、动机与情感，并由此推测别人，你便能够了解他人的欲望、动机与情感。只要你具有洞察自我的能力，你就可以这么想：既然我对这件事会有这样的反应，我相信对方一定也是如此。例如，你的面前有一盘很好吃的蛋糕，你很想吃，这时你也可以推断，坐在你身旁的那个人同样也想吃那块蛋糕，于是你就分一半给他。相信他在高兴之余，一定也会因被你猜中了心事而对你由衷地佩服。

一个人总是需要跟别人交往、共处的，因而别人对你的态度相当于一面镜子，用以观测自身的一些情况。比如某人若是为父母所钟爱，为师长所重视，为朋友所尊重和喜爱，大家都乐于和他交往，愿意和他一道工作或娱乐，那就表示他一定具备某些令人喜爱的品质。如果他经常被大家推举承担某项工作，或是经常成为周围人们求教的对象，则表明他具备某些才能，或是在某些方面超越了其他的人。反之，如果一个人不为周围的人所重视和喜爱，甚至大家对他有厌恶感，不喜欢与他一起工作或参与其他活动，这虽不足以说明此人缺点满身，但通常情况下，他应当会感到不安，要进行自我反省了。

镜子中的那个人，才是真正的你。

我们因为看不见自己的面貌，就得照镜子；同样，我们在无法准确地衡量自己的人格品质和行为时，就得利用别人对我们的态度，来获得一些印象。

I own the problem——问题算我的

这种自己承担责任的心情会加快你成长的速度。

在遥远的一座大山上，住着一个能预知未来的老人，据说他能回答任何人提出的问题。

有个年轻人很不服气，想愚弄这个老人，他捉了一只小鸟，藏在身后，问：

“我手中的小鸟是活的还是死的？”这个年轻人想：如果老人说小鸟是活的，我就把它掐死；如果老人说是死的，我就松手让它飞掉。

老人郑重地看着这个年轻人说：“生命就掌握在你的手上！”

在你的人生中存在着许多你要完全负责的事情，也存在着许多你完全可以控制的事情。所以，把“问题是我的”这种思维方式推广到你人生中的每一方面去是很重要的。

也许，我们在实际应用这种思维方式时会有一些困难。你怎么相信甚至会自称你周围所发生的所有事情，都是可以采取或不采取行动的结果呢？

把你的注意力透过这种思维方式从这个问题上移开，而集中到人生中是什么给你带来了你想要的结果的问题上，这对你是很有益处的。

哪种思维方式会让你的人生更丰富、更有成果呢？背负起十字架，做个完全的责任者吧！这种思维方式对个人的成长、发挥影响力及创造充实的生命都是至关重要的。因为，“背负十字架”具有超乎寻常的力量！

你完全接受自己责任的那一天，你停止为自己寻找借口的那一天，就是你创造生命奇迹的那一天！这是威廉·詹姆斯说的。

把责任融入你信念系统之中，你会十分受益的。

大海退潮的时候，海滩上布满了被留下的鱼，它们痛苦地挣扎着。一个孩子辛苦地捡起它们，帮助它们回到海水里去。

游客看见了，问孩子：

“这么多鱼，你能够捡得过来吗？”

孩子回答：

“虽然我捡不过来，但是我能够救一条是一条！”

孩子头也不抬地忙着。他的举动和话语震动了游客，游客也跟着忙起来，越来越多的人加入了进来。

I own the problem。问题算我的！是的，你是责任者！你对你的家庭负责，你对你的工作负责，你对你的朋友负责。

反省，“每日四问”式记日记方法

反省自己？

少来这一套了！

你一定会有这种反应吧！因为要你把反省当成功课来做，这话是十足的老师口吻。事实上，这句话价值连城，你如果能好好地加以实践保证受益匪浅。

所谓“反省”就是反过身来省察自己，检讨自己的言行，看有没有要改进的地方。

为什么要反省？

因为人人都不完美，总有个性上的缺陷、智慧上的不足。年轻人缺乏社会阅历，常会说错话、做错事、得罪人。你所做的一切，有时候别人会提醒你，但绝大部分人是看到你做错事、说错话、得罪人时都不会说，因此你必须通过反省的方法去了解自己的所作所为。

反省些什么呢？反省那些对你成长中有用的事吧！

人际关系是你成长中的大事。反省今天你有没有做了不利于人际关系的事，对某人说的那一句话是否得体，某人对我不友善是怎么一回事。

方法比努力更重要。反省今天所做的事，是否有不适当之处，怎样做才会更好。

你进步是成长中必不可少的。反省到目前为止我做的事使自己有无进步，时间有无浪费，目标完成了多少。

反省的好处则在于——可以修正自己的作为和方向，可以修正作为来使自己进步。

当然，那些不反省的人也不一定会失败。因为，一个人的成败和个人先天条件、后天训练以及机会都有关系。天底下就有从不反省自己，但却飞黄腾达的人。很多伟人都有反省的习惯，因为唯有反省，才不会迷失，才不会做错事。反省格外重要，要想取得快速成长，就应该把“反省”当成每天的功课。

事实上，反省无处不在，完全不必拘泥于任何形式。你可在夜深人静的时候反省，也可在散步运动或自己独处的时候反省。总之，你要反省的时间安排在心境平静的时候——湖面平静才能映现你的倒影，心境平静才能映现你今天所做的一切。

有一种“每日四问”的记日记方法可以推荐给你。这四个问题是：

（1）今天我改了什么？

（2）今天我有什么值得感谢的？

（3）今天我有哪些可以做得更好？

（4）今天我学会了什么？

把反省当成每日的功课吧，它能修正你做人处世的方法，让你有更明确的方向，让你快乐成长。

人要勇于及时地承认自己的错误

人，要有一种勇气，一种责任。尤其在与人合作时，更需要你来说一句：“出了错，算我的！”

有两个男士在大学时是同学，毕业后一起进入演艺圈。他们都很有才气，在学校的时候就显得与众不同，两人虽然彼此惺惺相惜，却也因好强而暗中较量。

两人虽然都在演艺圈，但一位选择当导演，另一位则选择当演员。

经过一段时间努力，两人都在工作岗位上表现得很出色，也各自拥有了一席之地。有一次，刚好有部电影让他俩合作，基于两人是要好的同学，而且心里对彼此的才能和需求都非常了解，所以爽快地答应一起合作。

这个导演对于演员一向要求严格，所以在拍戏的过程之中，虽然是自己的同学也毫不客气地加以指责。而已经是名演员的老同学也老是有自己的意见，所以片场的火药味总是很浓。

有一天，导演因为几个镜头一直拍不好，不禁怒火中烧，对着自己的老同学大发脾气，“我从来没见过你这么烂的演员！”

名演员一听，脸色苍白，愣住了。他走到休息室，不肯出来继续拍戏。

经过众人的劝说，导演摸着鼻子走到休息室，对老同学说：“你知道，人在生气时，难免会口不择言，可是冷静下来想了想……”

名演员一听，对方是来道歉的，不禁把头抬得高高的。

导演一见他那副模样，竟然支支吾吾地讲不出后面的话来，过了半天才补充说：“我……我想了想……还是觉得你是个很烂的演员！”

此话一出，后果可想而知了，名演员退出这部电影，两人从此绝交。

后来，两人在演艺圈奋斗一生，年华老去。直到名演员患了重病，临死前要求见导演一面。

导演听了急忙赶到医院，在名演员咽下最后一口气前，才泪流满面地对他说："我发誓，你是我这辈子所见过的最好的演员！"

名演员注视着老同学，含笑而逝。两人多年的心结，虽然终于冰释，只可惜晚了一些。

是的，人要勇于及时地承认自己的错误。掩饰自己的错误，将会犯更大的错误。如同人们为了一句谎言，会用更多的谎言来掩饰一样。

你的人生财富都始于自我意识

拿破仑·希尔曾经说过："一切的成就一切的财富，都始于一个意念，即自我意识。"

自我意识是一个人对自己的认识、评价和期望，也就是对自己的心理体验。即"我属于哪种人"的自我观念，具体来讲，自我意识包括个人对如下问题的回答："我是个什么样的人？我有什么样的个性？有什么样的优缺点？我有什么价值？有无巨大的潜能？我期望自己成为什么样的人？达到什么样的目标？"自我意识就是'我属于哪种人'的自我观念，它建立在我们对自身的认知和评价基础上。一般而言，一个人的自我观念都是根据自己过去的成功或失败，他人对自己的反映，自己根据自己与环境中他人的比较意识，特别是童年经历等四个主要方面不自觉地形成的。根据这些，人们心里便形成了“自我意识”。

就我们自身而言，一旦某种与自身有关的思想或信念进入这幅“自我肖像”，它就会变成“真实的”。在此之后，我们很少去怀疑其可靠性，只会根据它去活动，就像它的确是真实的一样。心理学家马尔慈说，人的潜意识就是一部“服务机制”——一个有目标的电脑系统。而人的自我意识，就有如电脑程序，直接影响这一机制运作的结果。如果你的自我意识是一个失败的人，你就会不断地在自己内心的“荧光屏”上看到一个垂头丧气、难当大任的自我，听到“我是没出息、没有长进”之类负面的信息，然后感受到沮丧、自卑、无奈与无能——而你在现实生活中便会“注定”失败。

另一方面，如果你的自我意识是一个成功人士，你会不断地在你内心的“荧光屏”上见到一个踌躇满志、不断进取、敢于经受挫折和承受强大压力的自我；听到“我做得很好，而我以后还会做得更好”之类的鼓舞信息；然后感受到喜悦、自尊、快慰与卓越——而你在现实生活中便会“注定”成功。

我们每一个人内心所真正需要的正是更丰富的人生、幸福、成功、平静以及我们心目中的崇高目标，在本质上都可以从丰富的生活或积极的创造过程中体验到。当我们体验到幸福、自信、成功的饱满的感情时，我们就是在享受丰富的生活。当我们落魄到压制自己的能力、浪费自己的天赋本能，使自己蒙受忧虑、恐惧、自我谴责和自我厌恶的程度时，就是在扼杀我们用以利用的生命力，就是在背弃自我发展和完善的道路。

“在你心灵的眼睛前面长期而稳定地放置一幅自我肖像，你就会越来越与它相近。”拿破仑·希尔说：“生动地把自己想象成失败者，这就使你不能取胜；生动地把自己想象成胜利者，将带来无法估量的成功。伟大的人生以你想象中的图画——你希望带来什么成就，做一个什么样的人——作为开端。”

愿望、思维决定你能否成为富人

曾经有人进行过一次这样的实验：把 18 个富人的财

富平均分给 18 个富人和 18 个穷人，然后让他们住在同一个村子里，所处的环境相同，所拥有的财产也相同。就这样过了 2 年，再看这些人，富人又成为富人，穷人又变回了穷人。

这说明能否成为富人不在于客观条件，而在于主观愿望、思维观念，还有个人的能力与努力程度。没有增加财富的愿望和能力，金钱再多也守不住；而善于经营的人能不断地用钱生钱，扩大财富规模，即使没有钱也会寻找机会赚到钱。

下面给大家讲一个关于淘金的故事：

一天，一个年轻人跟随别人去淘金。他在赶往淘金地的路上，遇到了一条大河的阻拦，而且河边没有船。该怎么办呢？突然，年轻人灵机一动："别人都去淘金，我为什么不做一个送他们去淘金的人呢？"

从此，别人去淘金，这个年轻人则划船送这些人过河。面对对岸的黄金诱惑，越来越多的人蜂拥而至。久而久之，这个年轻人就这样发迹了。

其实，成功就是这样简单。只要换个想法和思路，就能避开竞争焦点的锋芒，迅速抢占潜藏的市场。但是，说起来简单做起来难，不是每个人都能及时调整思维，准确判断出潜在的机遇的。

不少人习惯跟着前人走，跟着经验走，用老办法来解决新问题，结果当然不会成功。事物是变化发展的，一切都在变，我们的思维当然也应该因时因地地改变。很多在当时看来坚不可摧的传统思维，在不断进步的科学技术与现代化生活方式的猛烈冲击下，已经不能满足现代社会的需求，甚至成为了我们通向成功路上的阻碍。

受传统观念影响，许多人只注重实践，以为做了就会成功，结果辛辛苦苦忙了一辈子却一事无成。事实上，他们差的不是运气，不是能力，不是努力，而是一种明智的思维。

思路不同，结果也就不同。有了正确的思路，再加上正确的方法，成功便指日可待。身边许多年轻人常常抱怨自己生不逢时，“如果早出生就能赶上改革开放初期的下海潮，那时候机会太多了！没准现在我们已经是腰缠万贯的百万富翁了。”可是，果真如此吗？

有人把成功归结为两步：想和做。一个人成功与否，首先取决于他想不想成功，以及想以什么方式来实现成功；其次才是把想法付诸实践，即如何按照既定的想法去实施。这里的“想”以及“使用什么样的方法”，就是我们平常所说的思维。思维直接决定人的发展方向。毫无疑问，运用正确的思维方式会使我们在生活与工作中事半功倍；而保守落后或错误的思维方式则会令我们事倍功半，甚至半生劳碌，到头来却一无所获。

时间管理专家的一堂人生课

一天，时间管理专家为一群商学院学生讲课。他现场做的演示，给学生们留下一生难以磨灭的印象。站在那些高智商高学历的学生前面，他说："我们来做个小测验。"说完，他拿出一个一加仑的广口瓶放在桌上。

随后，他取出一堆拳头大小的石块，仔细地一块块放进玻璃瓶里。直到石块高出瓶口，再也放不下了，他问道："瓶子满了吗？"所有学生应道："满了。"时间管理专家反问："真的满了？"他伸手从桌下拿出一桶砾石，倒了一些进去，并使砾石填满下面石块的间隙。"现在瓶子满了吗？"他第二次问道。

但这一次学生有些明白了，"可能还没有"，一位学生应道。"很好！"专家说。他伸手从桌下拿出一桶沙子，开始慢慢倒进玻璃瓶。沙子填满了石块和砾石的所有间隙。他又一次问学生：“瓶子满了吗？”“没满！”学生们大声说。他再一次说：“很好。”然后他拿过一壶水倒进玻璃瓶直到水面与瓶口平。这时他抬头看着学生，问道：“这个例子说明什么？”一个心急的学生举手发言：“它告诉我们：无论你的时间表多么紧凑，如果你确实努力，你可以做更多的事！”“不！”时间管理专家说，“那不是它真正的意思。这个例子告诉我们：如果你不是先放大石块，那你就再也不能把它放进瓶子里。那么，什么是你生命中的大石块呢，与你爱人共度时光、你的信仰、教育、梦想，或是和我一样，教育指导其他人？切切记得先去处理这些‘大石块’，否则，一辈子你都不能做到。”

你今生的“大石头”是什么？请把它们先放进你人生的瓶子。

你的一生究竟想成为什么样的人？这个问题必须在人生刚刚起步的时候就提出，并且认真思考。

每个人都有着不同的发展道路。面临着人生无数次的抉择，当机会接踵而来的时候，只有那些认定了人生终极目标的人，才能作出正确的选择，把握自己的人生。

“舍生取义”，这是孟子一生的衡量准绳，“安能摧眉折腰事权贵，使我不得开心颜”这是李白的终极抱负，所以他放弃了做一个御用文人，而选择了纵情山水。

每一次机会，也都是变换着的诱惑。一些看似无谓的选择，其实是奠定我们一生成就的基础。我们必须记住，什么才是我们生命中的大石头，并且在起点处就把它放进生命的瓶子里。

不要限制自己，没人规定你怎样成功

有人说：“我之所以不能成功，就是因为家境不好！”还有人说是因为年纪太大，还有人说是因为年纪太轻，还有人说是因为经济不景气，还有人说是因为口才不好，没有钱，没有人帮助等许多许多的原因。

李嘉诚小时候家境贫穷，连书都没钱读，但他为什么会成为香港富豪呢？

麦当劳的创办人雷·克洛克成立麦当劳公司时已经52岁了，他老不老？但是他创办了有史以来最成功的快餐连锁店！

当你是哈佛大学二年级的学生时，你会半途放弃学业去开公司吗？相信大部分人都会先念完这所世界最知名的商业学校再说，但比尔·盖茨在那时才20岁就中途休学去创办微软公司了，他是世界首富。

经济再不景气，有没有人成功？口才不好，但成功的人有没有？没有本钱但后来成功的人有没有？如果有，为什么他们能，你不能？

其实，你永远都不会因为家境不好而不能成功，你也不是因为太老，你也不是因为太年轻，真的！一切限制都是自己给自己的。

当你给了自己一个借口，告诉自己无法成功的理由是什么，你就真的没有成功的机会了。因为连你自己都相信你不能，还有谁会相信你？

当你告诉自己因为什么原因自己不可以成功时，你等于在头脑中对自己下了一道命令，限制自己去发挥自己所有的能力。

没有人规定怎样才能成功，没有人限制你，是你自己限制自己。假如你不给自己任何限制，没有人能限制住你。

为什么要自己绑住自己呢？这不是很愚笨的一个举动吗？假如你看到有一个人拿绳子绑住自己，让自己动弹不得？你会不会觉得他很可笑？还是觉得他有神经病？

偏偏这种人到处都是。他们一天到晚只会告诉自己：“我不能……，我无法……，我做不到……，好困难……，因为我太笨，因为我没学历，因为我刚结婚……，因为我孩子太小……，因为我爱人她……，所以我不能成功。”

人生中没有能不能，只有要不要。只要你一定要，你就一定能。

解放自己！解开把自己绑上的绳子，去大展拳脚，大步向前，你会发现自己大有可为，然后觉得自己以前的想法可笑！

艰难环境既能毁灭人，也能造就人

现在许多年轻人总是心存愤懑，整日里抱怨命运不公，抱怨环境对自己造成了不利影响。其实，如果他们读一读英国著名作家科贝特当年如何学习的故事，或许就会停止此类抱怨。

科贝特回忆说：“当我还只是一个每天薪俸仅为 6 便

士的士兵时，我开始自学语法。专门为军人提供的临时床铺的边上，成了我学习的地方，而背包也就是我的书包。一块木板往膝盖上一放，那便是简易的写字台。我没有钱来买蜡烛或者是灯油。在寒风凛冽的冬夜，除了火堆发出的微弱光线之外，我几乎没有任何光源。而且，即便是就着火堆的亮光看书的机会，也只有在轮到我值班时才能得到。

“我没有任何可以自由支配的用来安静学习的时间，不得不在室友和战友的高谈阔论、粗鲁的玩笑、尖利的口哨声、大声的叫骂等各种各样的喧嚣声中努力静下心来读书写字。要知道，他们中至少有一半以上的人没有思想和教养、极端粗鲁野蛮。

“为了买一支钢笔或者是一叠纸，我不得不节衣缩食，从牙缝里省钱，所以我经常处于半饥半饱的状态。你们能够想象吗？为了一支笔、一瓶墨水或几张纸，我要付出相当大的代价。每次，揣在我手里买笔、买墨水或买纸张的那枚小铜币似乎都有千钧重。要知道，在我当时看来，那可是一笔大数目啊！

“那次，在市场上买了生活必需品后，我还剩下半个便士。于是，我决定在第二天早上去买一条鲱鱼。当天晚上，我饥肠辘辘地上床了，肚子咕咕作响，我觉得自己快饿晕过去了。但是，更加不幸的事情还在后头。当我脱衣服时，我发现那宝贵的半个便士竟然不知道在什么时候不翼而飞了！我一下子如五雷轰顶，绝望地把头埋进发霉的床单和毛毯里，像孩子那样伤心地号啕大哭起来。”

但是，即便是在这样贫困窘迫的不利环境下，科贝特还是坦然乐观地面对生活，在逆境中卧薪尝胆、积蓄力量，坚持不懈地追求着卓越和成功。

后来，科贝特终于成为了著名的作家。

艰难的环境不但没有消磨他的意志，反而成为他不断前进的动力。

科贝特曾说：“我在这样贫苦的现实中，尚能征服艰难、出人头地。那么，这个世界上还有哪个年轻人可以为自己的庸庸碌碌、无所作为找到开脱的借口呢？”读到这里，我们是否感觉到心灵一震。是的，在逆境中一样可以出人头地，让一切借口和抱怨见鬼去吧！

“宝剑锋从磨砺出，梅花香自苦寒来。”艰难的环境既能毁灭人，也能造就人。不过，它毁灭的是庸夫，而造就的往往是强者！

科贝特的经历都告诉我们，“逆境”是最为严厉也最为崇高的老师，他用自己特有的严格方式教育出各个领域内最为杰出的人物。而我们要想获得深邃的思想，在各自领域内取得巨大的成功，就不要害怕苦难、鄙夷不幸，而要善于从艰难穷困中摒弃浅薄，汲取力量。

辑五

克服孤独与困顿，生活不怜悯弱者

当你足够强大，困难就微不足道

当你足够强大，困难和障碍就微不足道；如果你很弱小，障碍和困难就显得难以克服。

向困难屈服的人必定一事无成。很多人不明白这一点，一个人的成就与他战胜困难的能力成正比。他战胜的困难越多，取得的成就越大。

成就平平的人往往是善于发现困难的天才，善于在每一项任务中都看到困难。他们莫名其妙地担心，使自己丧尽勇气。一旦开始行动，就开始寻找困难，时时刻刻等待困难出现。当然，最终他们发现了困难，并且为困难所击败。

他们善于夸大困难，缺少必胜的决心和勇气。即使为了赢得成功，也不愿意牺牲一点点安乐和舒适作为代价。总是希望别人能帮助他们，给他们支持。

如果机遇总是不曾垂青他，他总是找不到自己喜欢做的事，那他就承认自己不是环境的主人，他不得不向困难低头，因为他没有足够的力量。

那些只看到困难的人有一个致命弱点，就是没有坚强的意志去驱除障碍。他没有下定决心去完成艰苦工作的意愿。他渴望成功，却不想付出代价。他习惯于随波逐流，浅尝辄止，贪图安乐，胸无大志。

这些人似乎戴着一副有色眼镜。除了困难什么也看不见。他们前进的路上总是充满了“如果”“但是”“或者”和“不能”。

他们认为，去争取获得一个著名公司招聘的职位是毫无希望的。因为当他去申请的时候，已经有数百个申请者递交了申请书。失业者如此之多，他怎么可能得到工作呢？如果他有一份工作，他会觉得许多同事都做得比他好，更得老板赏识，他要晋升存在很大的障碍。

有一个年轻人哀叹他没有机会，抱怨命运注定让他平庸，他永远都不可能开创自己的事业，而只能为别人打工。这样的人最大的一个特点就是处处看到不可征服的困难。他告诉别人说，如果别人能帮助他开办一个企业，他一定能取得成功。这样的年轻人，不太可能取得成功，因为他不具备成功的品质。他承认自己不能泰然自若地面对危机，他承认自己软弱，他承认在面对困难时自己显得无能为力，而别人却能克服这些困难。

另一个年轻人说，他渴望受教育，渴望上大学，但他没钱，没有一个富翁爸爸，他无法供自己上学。这个年轻人其实并不真的渴望求学，他只想不劳而获。有的年轻人知道自己追求什么，却畏惧成功道路上的困难。他把一个小困难想象得比登天还难，一味悲观叹息，直到失去克服困难的机会，一次又一次地陷入恶性循环，终将一事无成。

意志坚定、行动积极、决策果断、目标明确的人能排除万难，勇敢地向着自己的目标前进，去争取胜利。成就大业的人，面对困难时从不犹豫徘徊，从不怀疑是否能克服困难，他们总是能紧紧抓住自己的目标。自己的目标是伟大而令人兴奋的，他们会做坚持不懈的努力，暂时的困难微不足道。

自我改变，才能克服恐惧与不安

很多人遇到挫折时，都习惯为自己做最坏的打算。

其实，你所面临的困境，许多人都遭遇过。人的结构是相同的，他们能从其中找到出路，为什么你就不能呢？

一位长期失业又有经济负担的中年男子，在承受不了压力的情况下，最后选择在轿车内点火自焚。

另一位就读夜大的学生，白天在工业区上班，因为刚和女朋友分手，一时想不开，将汽车的排放废气口直接连到车内，因吸入过多二氧化碳缺氧，导致死亡。

拿破仑·希尔说：“心态比事实更重要。”

无论你所遭遇的事情有多么绝望，多么难以解决，都比不上心理的态度。你可以让这些事件在你尚未采取行动之前就在心理上战胜你，你也可以积极思考，来改变这一切。

懦弱不能改变事实，唯有自信心才能使你的力量倍增。只要经常操练你的自信，一切的恐惧和不安将离你而去。

有位推销员去找拿破仑·希尔，他说每当自己去拜访大人物时，往往会吓得半死，不知如何克服这个困扰。

拿破仑·希尔听后，直接问他：“你进到所谓‘大人物’的办公室里，是否愿意四肢着地爬进去，像个卑贱的狗一样畏缩不前？”

“当然不愿意！”他恼羞地回答。

“那么你为什么心里还要畏缩害怕呢？”

他沉默以对。

拿破仑·希尔接着又问他：“你走到他的办公室里，

是否愿意像乞丐一般伸出手，乞讨一块钱买个热狗充饥呢？”

“当然不愿意！”

“你过分关心他是否欣赏你，岂不是就像我刚刚说的情形一样吗？你岂不是跪在地上,求他把你当人看待吗？”

哥伦布凭着信念发现了新大陆，而不是凭着航海图。

信心可以开启力量的闸门。只要你不疑惑，就能一件一件地对付困难，所向披靡。

知道你自己要的是什么，建立改变自己的信心。因为信心所带来的创造力，能帮你达成所愿。

你知道最快乐的人都在想什么吗

清晨，当你睁开眼时，你是否想过：人活着是一件多么美妙的事情！又是一个愉快的早晨！我从未感到如此开心！我想今天一定是个美好的一天。

一个积极思考者常会有意地使自己保持心情愉悦。你期望快乐，便会找到快乐。你寻找什么，便会发现什么。这是人生的基本定律。

凡是能往前看的人，期待将会发生伟大事情的人，他们一定是幸福快乐的人。

如果一个人不认为自己是快乐的，他就不可能快乐。世界上最快乐的人是那些具有有趣想法的人。

因此，如果你不快乐，就必须先对你的思想来一次彻底的改造。如果你的心中充满了愤懑、怨恨、自私或者灰色，你就要改变精神生活，采用一种积极向上的态度，去获得人生的乐趣。

其实，真正的人生乐趣并不是表面上的，或随时可见的，而是一种发自内心的感觉。你因你的处境和你所做的事而感到深深的幸福。如果你暗中注意那些积极的人，就可以发现他们总是在唱歌或吹口哨。

其实万物早已存在，当你觉得心情舒畅时，你会情不自禁表现出快乐的神情，你会欣赏万物，你心中的幸福感会油然而生。

你的身体健康状况与你是否能享受生活有关系。当你精神振奋，心境开阔，容光焕发时，生命也便呈现出新的意义。适量地运动及休息，是心情愉悦的必要因素。

你不难发现，许多人总是等到自己有了一种积极感受后才去付诸行动。很明显，这些人其实是本末倒置。积极的行动必然会导致积极的思维，而积极的思维则会导致积极的人生态度。心态是紧跟行动的，如果一个人从一种消极的心态开始，等待着感觉把自己带向行动，那他就永远成不了积极心态者。

你必须具有必胜、积极的想法。因为必胜、积极的想法是你成功的必要条件。

一个对自己的内心有完全支配能力的人，对他自己有权获得的任何其他东西也会有支配能力。当你开始运用积极的心态并把自己看作成功者时，你就开始走向成功了。

你不能仅仅播下几粒积极乐观的种子，然后指望不劳而获。你必须不断给这些种子浇水，给幼苗培土施肥。你要是疏忽了这些，消极心态的野草也会丛生，夺去你成功土壤的养分，并最终导致你成功的庄稼枯萎而死。

忘我，就能战胜忧虑

这是一个关于“如何战胜忧虑”的故事。

波顿 9 岁失去母亲，母亲离家 7 年后才给他寄来第一封信。他母亲出走以后 3 年，父亲死于一次意外。他父亲与人在一个小城合开了一家咖啡馆。父亲出公差时，合伙人出售了咖啡馆携款跑了。一位朋友给他父亲打电话叫他尽快赶回来，仓促之中，他父亲在一次车祸中丧生。

波顿有两位姑姑，又老又病又穷，收留了他们家三个小孩。剩下他和小弟没有人要，镇上人怜悯他们，收留了他们。他们最怕人家把他们当孤儿看，但这种恐惧也是躲不过的。

他在镇上一个穷人家寄居了一阵子，但那年头光景不好，一家之主失业了，他们再也没有能力多养活一口。接着洛廷夫妇把他接到离镇 15 里的农庄，并收容了他。洛廷先生已 70 高龄，长年卧病在床，洛先生告诉波顿只要不说谎、不偷窃、听话，就可以一直跟他们住在一起。这三条戒律成了他的圣经。

他绝对恪守这些规则。他开始上学，但第一个礼拜情况糟透了。其他的小朋友不断取笑他的大鼻子，骂他笨，叫他“小孤儿”。他心里难过极了，真想打他们一顿。但洛廷先生跟他说：“永远记住！一位真正的男子汉不会随便跟人打架。”

他一直不跟他们打架，直到有一天，一个男孩捡起鸡屎丢到他脸上，他痛揍那个男孩一顿，还由此交了几个朋友，他们说那个男孩罪有应得。洛太太给他买了一顶新帽子，他很喜欢。

一天，一个大女孩把它从他头上抢去，灌水弄坏了。她还说她把帽子装了水好淋湿他的木脑袋，让他清醒一点。他从不在学校哭，不过，回家后就忍不住了。

有一天洛太太给了他一个化敌为友的建议。她说："如果你先忘了自己，并对他们感兴趣，看看能帮他们什么忙，他们就不会再逗你，或叫你小孤儿了。"他听了洛太太的话，用功读书，虽然他在全班功课最好，但没有人忌妒他，因为他会帮助别人。

他帮几个男孩写作文，帮人写辩论稿。有的男孩还怕人家知道是他在帮忙，只告诉妈妈去抓动物了。有个男孩偷偷到洛太大家来，把狗绑在谷仓里，找他替做功课。他还帮一个同学写读书报告，甚至花了几个晚上帮过一个女生做算术。村中接连发生了几桩不幸，两位老农人相继去世，一位太太被丈夫遗弃，他是这 4 家人家中唯一的男性。

两年来他一直在帮这几位寡妇。上学和放学途中，他会到她们家，为她们砍柴、挤牛乳、喂牲畜。结果，当然人们不再诅咒他，反而称赞他。每个人都把他当作自己的朋友。

他由海军退役回来时，他们都流露出真正的感情。他到家的第一天，就有 200 多位邻人来看他。有人开了 80 里的车，他们对他的关心是那么真诚。由于他一直乐于助人，他的烦恼很少，13 年来，再也没有人逗弄波顿了。当有人问起他，为什么会赢得尊敬和热爱时，波顿说，是忘我，是忘掉自我的态度。

当我们把所有的热情都用在为他人考虑的事上时，我们就会有快乐、有热情，同时也有了友谊。波顿的故事是如此简单明了，但它所留给我们的启示却是有力的，如果在生活中，我们都有一种忘我的奉献精神，相信我们会赢得所有人的热爱。

不要为明天忧虑

在古巴比伦的法典上还有这么一句话："不要为明天忧虑。"可是在古西伯来语的译文中，这一句被译成为："不要去想明日的事。"其实这是一种误译。

因为如果这样的话，岂不就是不必为自己、为旁人的未来订立什么计划，达成什么目标了。这句话的本义是不要急躁，要避开无用的焦虑，不要对预先看不到的事情杞人忧天。

我们都知道，焦虑耗蚀精力，如果一个人凡事都能做到深谋远虑，则可以有所成就。我们不该焦虑，而应该冷静才对。

经常性的焦虑，不信任一切，被坏心情控制，久而久之，我们会养成坏习惯，变成一种对自己不利的情形。这样不仅仅会打击我们的士气，使人焦虑过度，还会把我们变成一个无用之人，甚至夺去我们的生命。

持续不断地焦虑、烦躁、毫无信心、一事无成，会把身体拖垮，使我们不能好好工作，不能好好思想。

人在焦虑中往往不用头脑去想，总是会闹情绪，让消极的情绪，特别是恐惧任意调侃我们，虐待自身。因此一个人一定要尽量挣脱焦虑的束缚，如同挣脱病魔的束缚一样。

可是有些人总是不可避免的摆脱不了经常性的忧虑，杞人忧天般地过着思想负担很重的日子。他们就是眼前没有什么事情可供忧虑，也会找些事来忧虑。有些人从本性上就具有忧虑的气质。有的人从小开始，就时刻沉浸于焦虑之中，因为不知道下一步会变成怎么样，这样的人生就会灰暗，赶快摆脱它的控制吧。

罗斯福总统也有心情灰暗的时候，有些坏心情甚至永远都无法根除。可是尽管他也有这样的心情，但他的成就却远远超过了许多心情愉快的人士。其秘诀就在于罗斯福能利用和控制自己的坏心情，而不致蒙受其害。

罗斯福的传记作家说过，这种忧郁是罗斯福家族的传统，可是罗斯福却不像一般人那样，以此作为借口而因循偷懒。

人生不该常常受担惊受怕的侵袭，被忧虑蚕食。假使一个人觉得自己内向，应该停滞下来，从沉思中抬起头来，应该打开窗户，去看看四周的人们，给旁人一点鼓励。

此外，晚上的思潮往往是最荒唐的，它常常会超越理性。如果我们不注意，就会使自己陷入病态。

一个人如果显得疲惫不堪，大半是因为其内心有什么烦恼的缘故。碰到困难或危险，给予自己很自然的关切，那是一种健全的处置态度。

人生很艰苦，甚至非常艰苦，到处都有可能遭逢险境，但这也仿佛是安排好了的。否则，如果一切都太顺利，我们就变成了软体动物。一个人经过多少颠沛，也就经历了多少磨炼。

一个低调的人要让自己的内心斗志昂扬，低调不忧虑，低调只是一种为人行事方式，绝对要心理健康，精神状态好。

只有这个人能让你东山再起

美国有位妇人，名叫雅克妮，她是美国90家公司的老板，分公司遍布美国27个州，雇用的工人达8万。

她成功的背后隐藏着多少付出的艰辛与勤奋，令人难以想象。她原本是一位极为懒惰的妇人，后来由于她的丈夫的意外去世，家庭的全部负担都落在她一个人身上，而且还要抚养两个子女。在这样贫困的环境下，她被迫去做家务，每天把子女送上学后便利用下午时间替别人料理家务，晚上，子女们做功课，她还要做一些杂务。这样，她懒惰的习惯就被克服了。后来，她发现很多现代妇女外出工作，无暇整理家务，于是她灵机一动，花了7美元买清洁用品和印刷传单，为有需要的家庭整理琐碎家务。这一工作需要自己付出很大的勤奋和辛苦。她把料理家务的工作变为专一技能，后来甚至大名鼎鼎的麦当劳快餐店也找她代劳。雅克妮就这样日以继夜地工作，终于使订单源源而来。

人有懒惰和依赖的天性，很多人养成了这两种不好的习惯后，在突遭变故、失去依赖后往往手足无措，怨天尤人，自暴自弃，而不能像雅克妮那样挺起胸膛，自谋生路，自立自强。

下面这个故事，给人很大的震撼，使许多人受到教育后，很快地从泥沼中走了出来——

查理的工厂宣告破产了，他成了一个名副其实的穷光蛋。他无法面对残酷的现实，他心里沮丧透了，几乎想到了自杀。他丧失了所有的东西，只好四处流浪，像乞丐一样生活。

有一天，他去见墨菲，流着泪把自己如何破产变成了穷鬼，又怎么流浪生活的事给墨菲细细他说了一遍。最后他诚恳地说：

“墨菲先生，我希望你能指点我，让我东山再起！”

墨菲望着他，沉默了一会儿说：“我对你的遭遇深表同情，我也希望我能对你有所帮助，但事实上，我却没有能力帮助你。”

查理希望的泡沫一下子破碎了，他脸色苍白，喃喃自语道："难道我真的没有出路了吗？"

墨菲考虑了一下说："虽然我没办法帮助你，但我可以介绍你去见一个人，他可以协助你东山再起。"

于是，墨菲把查理拉到镜子前，用手指着镜子说："我介绍的就是这个人，在这个世界上，只有这个人能够使你东山再起，你必须首先认识这个人，然后才能下决心如何做，在你对此作充分的剖析之前，对于你自己来说，你将是一个没有任何价值的废物。"

查理向前走了几步，怔怔地望着镜子里的自己，用手摸着长满胡须的脸孔，望着自己颓废的神色和迷离无助的双眸，他不由自主地抽噎起来。

第二天，查理又来见墨菲，他从头到脚几乎是换了一个人，步伐轻快有力，双目坚定有神。他说："我终于知道我应该怎么做了，是你让我重新认识了自己，把真正的我指点给我了，我已经找了一份不错的工作，我相信，这是我成功的起点。"

人的一生，真正能帮助自己的，还是自己。一个人的精神如果趴下了，他自己没有想挣扎着站起来的信念的话，那他是永远站不起来的，不管别人怎么去扶他，也是扶不起来的。

输得起放得下，这样才有机会赢

人要懂得在什么样的情况下认输。用美国股票大王贺希哈的话说："不要问我能赢多少，而是问我输得起多少。"要知道，只有输得起的人，才能赢得最后的胜利。

贺希哈 17 岁时，就开始自己开创事业。那时候，他用仅有的 255 美元在股票的场外市场做了一名掮客。不到一年，他便赚取了 16.8 万美元。

用这笔钱，贺希哈为自己买了第一套像样的衣服，还在长岛买了一幢房子。

但是，第一次世界大战的休战期来了。贺希哈聪明得过了头，他以随着和平而来的较低价格，顽固地买下了隆雷卡瓦那钢铁公司，结果却受到了欺骗，亏得只剩下了 4 000 美元。贺希哈坦然面对这次失败，并牢记从中得到的深刻教训："除非你了解内情，否则绝对不要买大减价的东西。"

贺希哈并没有被这次失败打倒。他放弃证券的场外交易，去做未列入证券交易所买卖的股票生意。开始，他和别人合资经营；一年后，他便有了自己的公司。再后来，贺希哈做了股票掮客的经纪人，每个月可以赚到 20 万美元的利润。

1936年是贺希哈事业发展中最关键的一年。安大略北方早在人们淘金发财的那个年代，就成立了一家普莱史顿金矿开采公司。这家公司在一次火灾中焚毁了全部设备，造成资金短缺，股票跌到不值5美分。一位叫道格拉斯·雷德的地质学家，知道贺希哈是个思维敏捷的人，便把这件事告诉了他。

贺希哈听了以后，拿出2.5万美元做试采计划。不到几个月，黄金就挖到了——仅离原来的矿坑25英尺。这座金矿，每年给贺希哈带来250万美元的利润。

贺希哈懂得认输，输得起，所以也赢得彻底！

学会认输，就是在摸到一张臭牌时，不再奢望自己这一盘是赢家；学会认输，就是在陷入泥塘时，及时爬起来，远远离开那个泥塘；学会认输，就是在遭遇挫败时，承认自己的不足，勇敢地调整与放弃。人生切忌恋战。有些事，大局既已无望，就应赶快放弃，另谋出路，不要为了一个根本不可能完成的目标空耗自己的一生。是的，我们需要百折不回的意志和勇气。但是，奋斗的内涵不仅仅是不屈不挠和坚定不移，还应包括适时修正目标与调整方位。向着死胡同走到底并不是英雄，死不认输只会最终将我们毁掉！

输得起，放得下，这样你才有机会赢！

你应该感谢你所犯的错误

任何成功的人在达到成功之前，没有不遭遇过失败的。爱迪生在历经一万多次失败后才发明了灯泡，而沙克也是在试用了无数介质之后，才培养出小儿麻痹疫苗的。

费尔兹和一家独立商店，成立了费尔兹太太糕饼连锁店，并很迅速地推行到世界各地。由于业务扩张得太快，致使公司的财务受到拖累，费尔兹发现她自己欠了一大笔债。她体察到想要拥有并且经营所有连锁店的欲望是太大了点，所以她开始授权给加盟店负责经营，而不再亲自参与。此一政策的改变，使她的公司再度获利，并且出现成长。

你应把挫折只当作是使你发现你思想的特质，以及你的思想和你明确目标之间关系的测试机会。如果你真能了解这句话，它就能调整你对逆境的反应，并且能使你继续为目标努力。挫折绝对不等于失败——除非你自己这么认为。

爱默生说过：

“我们的力量来自我们的软弱，直到我们被戳、被刺，甚至被伤害到疼痛的程度时，才会唤醒包藏着神秘力量的愤怒。伟大的人物总是愿意被当成小人物看待，当他坐在占有优势的椅子中时会昏昏睡去，当他被摇醒、被折磨、被击败时，便有机会可以学习一些东西了。此时他必须运用自己的智慧，发挥他的刚毅精神，他会了解事实真相，从他的无知中学习经验，治疗好他的自负精神病。最后，他会调整自己并且学到真正的技巧。”

然而，挫折并不保证你会得到完全绽开的利益花朵，它只提供利益的种子，你必须找出这颗种子，并且以明确的目标给它养分并栽培它。否则，它不可能开花结果。

上帝正冷眼旁观那些企图不劳而获的人。

你应该感谢你所犯的错误，因为如果你没有和它作战的经验，就不可能真正了解它。

利用好你的空闲时间

什么是逆势操作？在华尔街，逆势操作者就是当多数人都在买股票时卖股票，而大多数人都在卖股票时买股票的人；如果每个人都在观望，逆势操作者则疯狂地大买大卖。日常生活中有很多运用逆势操作原则的方式。拿破仑·希尔建议大家“远离高峰时刻，以避免一窝蜂”。

将逆势操作原则运用在时间管理上，意味着当别人没有在做某事时，你就去做，这样可以省下许多等待的时间。逆势操作者会在没有人排队的时候去兑现支票、采购、所以他们不会在礼拜五下午兑现支票，也不会在礼拜五下午上超级市场，而会选在晚上 11 点或早上 6 点逛逛 24 小时开放的超市。逆势操作者退房的时间与其他人退房的时间不同，或是他们会选择旅馆自动退房的方式；如果你可以在人潮多起来之前就退房，你就不应该在早上 9 点、10 点时去排长队。在办公室里，逆势操作者则会在大多数职员外出午餐时，使用电脑印表机或复印机。

逆势操作甚至不会想在过节期间买礼品。时间管理专家尤金不会在过节的时候购买礼品，他都是看到喜欢的礼物就买。假如他真的很喜欢那件礼物，即使不知道最后会将它送给谁，他也会先买下来，而且相信有一天会有其他人喜欢它。他把买回来的礼物放在一个大箱子里，并给箱子取名叫藏宝箱。每当有人过生日或过节时，尤金就去找藏宝箱，通常都能找到可以当礼物的好东西。因此不必特别放下手边的工作，为了出去买不见得很喜欢而且可能还要花大钱的东西。

逆势操作者会在人潮涌入饭店前外出吃饭，还会避免不接受订位或订位效率不佳的餐厅；他们会去餐厅的人较少，侍者和厨师比较轻松，厨房里的食物最好、最新鲜的时候提早吃午餐或晚餐。逆势操作者甚至可以因为这个策略而省钱，因为有些餐厅提供早用餐者优惠价格。

逆势操作尽量将飞机班次安排在非高峰时段，如此一来，可以避免因飞机在跑道上等候起飞，或在天空盘旋等候降落而浪费时间。一般情况下，旅行社的 24 小时售票服务在深夜，通常是半夜时，订位服务的速度特别快。逆势操作者也尽量在非高峰时刻开车，假如其他人都是在 7 点 30 分到 9 点中间上班，他们会希望在 7 点赶快进办公室；或者他们会迟到晚走，享有与许多早到者相同的益处。一位成功人士说，他喜欢在深夜或清晨时开车旅行，他解释：“卡车司机都尽量这么做，因为那个时候路上没有车。”

逆势操作者喜欢弹性上班的主意。许多公司将员工上班时间错开，虽然办公室上班的时间延长了，但是没有人会从早待到晚，只有部分工作时间重叠；如此不仅有益公司，也有益个人。一位学员写道：“我提早30~60分钟上班，而且第一个小时不接任何电话，先过滤我的工作计划表，然后在电话和突发事件开始前，找出一项我可以做完的工作。”如果原先没有弹性上班这回事，逆势操作者也会发明出来。

你没有理由轻言放弃

世界首位女打击乐独奏家格兰妮说：“从一开始我就决定：一定不能让任何困难阻止我成为一名音乐家。”

格兰妮出生在苏格兰东北部的一个农场，从8岁起就开始学习钢琴。随着年龄的增长，格兰妮对音乐的热情与日俱增。但不幸的是，她的听力却在渐渐地下降，医生们断定是由于难以康复的神经疾病造成的，而且断定12岁时她将彻底耳聋。可是，格兰妮对音乐的热爱却从未停止过。

格兰妮的理想是成为打击乐独奏家。为了这个梦想，她学会了用不同的方法聆听他人演奏的音乐。她只穿着长袜演奏，这样她就能通过身体和想象感觉到每个音符的振动——她几乎用所有的感官来感受她全心热爱着的声音世界。

格兰妮决心成为一名音乐家，于是她向伦敦著名的皇家音乐学院提出了申请。可是，以前从来没有这种事发生——让一个聋学生加入音乐学院！因此，一些老师反对接收她入学。但是，格兰妮的演奏征服了所有的老师。她顺利地入了学，并在毕业时荣获学院的最高荣誉奖。

此后，格兰妮通过不断努力，成为了世界上首位专职的女打击乐独奏家，并且谱写和改编了很多乐章——那时几乎没有专为打击乐而谱写的乐谱。至今，格兰妮作为独奏家已经有十几年的时间了。她从未因医生诊断她会完全变聋而放弃追求，因为她清楚地知道，医生的诊断并不意味着她的热情与信心不会有结果。

我们都知道，伟大的音乐家贝多芬也是聋子。但稍有不同的是，贝多芬是成为音乐家以后才变聋的，所以，他可以更多地做些谱曲的工作。而格兰妮却大大不同，她只是个想当音乐家的失聪少女。她要练就一身超人的本领并进入皇家音乐学院学习，然后实现自己的理想，可谓比登天还难。然而，格兰妮却凭借坚忍的意志，顽强地克服了身体的缺陷，成为了世界首位女打击乐独奏家。这不得不令人赞赏与惊叹！

格兰妮的自身条件与理想可谓水火不相容，可是她却坚决不向命运屈服——耳朵残废了，就利用全身的感官来听——每一个毛孔、每一个细胞，以及全身的皮肤与神经都成了她的耳朵！格兰妮失去了一双真正的耳朵，却多了千千万万只辅助的耳朵。她不仅创造了音乐史上的成功范例，也创造了人体潜能发挥的奇迹。格兰妮，一个柔弱的失聪少女尚能做到如此，我们又有什么理由轻言放弃？

辑六

将来的你，一定会感谢现在拼命的自己

哪怕是一件小事，都应该用心地去做

哪怕是一件小事，我们都应该用心地去做。

行为本身并不能说明自身的性质，而是取决于我们行动时的精神状态。工作是否单调乏味，往往取决于我们做它时的心境。

每一件事情对人生都具有十分深刻的意义。你见过泥瓦匠吗，他们却在砖块和砂浆之中看出诗意；你见过图书管理员吗，他们经过辛勤劳动，在整理书籍的缝隙间感觉到自己已经取得了一些进步；你见过学校的老师吗？对按部就班的教学工作，他们从未感到丝毫的厌倦，他们一见到自己的学生，就变得非常有耐心，所有的烦恼都抛到了九霄云外了。

如果只用别人的眼光来看待我们的工作，仅用世俗的标准来衡量我们的工作，工作或许没有任何吸引力和价值可言。

从外面观察一个大教堂的窗户。那里面布满了灰尘，光华已逝，只剩下单调和破败的感觉。一旦我们跨过门槛，走进教堂，立刻可以看见绚烂的色彩、清晰的线条。阳光透过窗户在奔腾跳跃，形成了一幅幅精彩的图画。

人们通常认识事物是有局限的，我们必须从内部去观察才能看到事物的真正本质。有些工作只从表象上去看是不能认识到其意义所在的。每个人只有从工作本身去理解工作，将它看作是人生的权利和荣耀，才能保持自己个性的独立。

不要小看自己所做的每一件事，即便是最小的一件事，也应该全力以赴、尽职尽责地去完成。小事情的顺利完成，有利于大事情的顺利达成。只有一步一个脚印地向上攀登，才不会被轻易跌落。工作真正的能量就蕴藏在其中。

终有一日我会证明给别人看

你也许有过很多梦想，却都无法实现，为什么呢？环境不对。那就给梦想换个地方，干吗不试试呢？

从一开始他就以为自己错了，但他始终不肯向朋友认错，不是因为他不想认错，而是他觉得也许他能找到一个合适的办法让开始的错误变成最后的正确和胜利。朋友劝他：“别再痴心妄想了，快干些正经事儿吧，没有人会花钱买你的大杂烩！”

朋友所说的大杂烩就是他的梦想。他梦想有朝一日能够发行自己的杂志，杂志的风格定在关怀人生和弘扬人道主义以及人间亲情上。他的想法很奇特，他不想发各地作者的自由来稿，而是想从别的报刊上摘选精品，然后汇编到自己的杂志里。朋友一听这个主意就笑他太笨，声称别人发过的作品已有不少读者看过，还有谁会再花钱买你的全是在别处发过的作品的杂志！他反驳朋友说：“一个人不可能浏览完所有的报刊，而我做的正是这样的一件事——让每个人都看到各地的报刊精品。”朋友还是不相信并且不支持他。

他不灰心，决定将错就错，把别人的错误变成自己的正确。他找到出版社，说明了自己的来意。出版社毫不留情地否决了他的想法：“这不可行！这本来就是一个错误的决定，我劝你还是放弃这个想法，重新找一条路吧！”

受到了一系列的打击，他有些心灰意冷，也有些动摇：真的是错误的梦想吗？但他还是对自己说：“也许现在为时尚早，但终有一日我会证明给别人看，错误只是一个相对的概念，在适当的时候，错的也会变成对的。”

当时是1910年。后来他开始了漂泊生涯，颠沛流离间，他一直没有泯灭被人否定的错误的梦想。直至有一天他遇上了他的妻子。

妻子在得知他的想法后十分赞成，鼓励他大胆去做，不必顾虑别人的看法。于是他开始着手去做每件事，先是摘选作品，然后给潜在的订户发征订单。一切都在有条不紊地进行着。终于他等来了这一天，1922年，他的杂志创刊了，受欢迎的程度大大出乎所有人的意料，连他自己都难以置信会有这么多的人认可了他的“错误”！他成功了，被几个朋友和一些出版商否定的“错误”，最终被大众所认同，成为正确和胜利的标志。

他叫华莱士，他创办的杂志就是美国的《读者文摘》。如今，这个最初错误的梦想至少被18种语言传播着，全世界有许多国家和地区的读者都可以看到它，并对它交口称赞。

对与错的选择有时就是这样的不可思议。你相信自己的坚持还是相信众人的反对？如果握在左手里是错的，那么为何不放到右手里呢？换一个时间和地点，或许一切会恰恰相反。而且，不论梦想在哪个手中，记住，一定不要松手。

按照我的话去做，不难找到工作

很多年前，一位年轻人怀揣做新闻记者的梦想来到美国西部。他到西部后人地生疏，感到十分迷茫，于是写信给报界名人马克·吐温，向他请教该怎样实现自己的梦想。不久马克·吐温给他回信，并在信中说："如果你能按照我的话去做，我可以在报界为你谋得一席之地。现在请告诉我：你想进哪家报社？这家报社在什么地方？"

年轻人接到回信后，异常兴奋，连忙又写了一封信，说明他所向往的报社名称及其地址。同时一再向马克·吐温诚恳表态，表示自己愿意听从他的指示。不久以后，这位年轻人接到了马克·吐温的第二封回信，信中说：

"只要你肯暂时只做工作不拿薪水，无论你到哪一家报社，人家都不会拒绝你。比如，你可以对报社的人说，你近来觉得不工作实在很无聊，极想找一份职业来充实生活，但可先不要报酬。这样一来，无论对方现在是否迫切需要人员，都不会一口回绝你。

"等获得工作的机会后，你就要主动做事，让同事们感到他们确实需要你。然后，你再去各个地方采访新闻，并把写成的稿件交给编辑部。如果你所写的稿件的确符合他们的要求，编辑自然会将其陆续发表。如此这番，长此以往，你将慢慢晋升为正式外派记者或编辑，大家也会渐渐重视你。到了这一步，你就不必担心没有薪水了。而同事和朋友们也必定会把你的名字与工作业绩传出去，这样，你迟早将获得一份薪水颇丰的工作。

“不久，其他报社也会争相来聘用你。这时，你可以拿了聘书给主编先生看，告诉主编先生，其他报社要给你多少月薪。如果这里也愿意出同样的月薪，你仍然选择留在这里做下去。到了那时，也许其他报社还会给你提高薪水，但如果数目与这里相差不多，你最好还是继续在老地方做。”

读完信后，这位青年对马克·吐温的方法有些怀疑，但他仍然照着去做。不久，他果然进了一家著名报社的编辑部；不出一个月，他又接到了另外一家报社的聘书；原先的报社知道后，答应给他对方所出薪水数目的 2 倍，于是这位青年仍然选择留在原来的报社里做事。就这样，他在那里继续做了 4 年，在这 4 年中他又两次收到其他报社的聘书，也因此涨了两次薪水。现在，这位青年已是那家报社的主编了。

除了那位青年外，还先后有6位青年去请教过马克·吐温先生，获得了同样的指示，并按照这一指示找到了他们所向往的工作。如今美国一位名望极大的日报主编就是当年那6位青年中的一位。那位主编先生在20年前不过是一个很平常的青年，可是通过马克·吐温的指点，他顺利进入报社，并地位日渐上升，逐步实现了自己的梦想。

一个年轻人只要办事认真，对自己有信心，无论到哪里都不难找到工作。而有了工作之后，也不难迅速晋升。过硬的知识和能力很重要。天生我材必有用。只要具备了过人的才智，天下总有我们的用武之地。同时，不要怕自己的付出得不到相应的回报，要在不求之中求之。只要我们充分展现出了自己的才能，自然会受到赏识，那时我们该得的报酬一分也不会少。

积极，让你从柔弱变坚强

积极能使一个懦夫成为英雄，从心志柔弱变为意志坚强，由软弱、消极、优柔寡断的人变成积极的人。

本·霍根是一名非常出色的高尔夫球手，他自称去球场练球是“训练肌肉记忆力”。当他上场时，总是重复练习同一动作，直到他的肌肉都能“记住”动作的规律为止。我们的思考习惯也是如此。我们必须重复训练思维习惯，直到当我们遇到麻烦时，思维能如我们所希望的那样做出反应为止。也就是说，我们的大脑必须被训练成积极思考的模式。

积极思想只有在你相信它的情况下才会发挥作用，而且你必须将信心与思想过程结合起来。很多人发现积极思想无效，原因之一便是他们的信心不够。他们正以小小的怀疑和犹豫，不停地给它泼冷水。因为他们不敢完全相信：一旦你对它有信心，便会产生惊人效果。

勇敢而大胆的信仰——正是一切成功的法则。没有任何东西可以永远阻挡信仰。信仰可以集中一切力量。只要你有信仰，你将无往不胜。不再迟疑、不再怯懦、不再猜测，要勇敢而大胆地相信这一切，这就是胜利。

积极心态真的有效。只要你愿意耕耘培植它，积极心态便能发挥力量。养成积极思考的习惯并不容易。它需要艰苦的工作和坚强的信仰，它需要你诚实地生活，拥有想成功的欲望。当你确定已经掌握它时，你将所向披靡。

加斯汀·达特瑞是克萨尔药品公司的一位高级主管，是一名很棒的销售人员和公司领导。他说：“积极思想如同打高尔夫球，你打了一两个好球，便以为懂了这种运动。但下一步，你可能就击不中球。所以，你必须反复地实践积极的心态，并且不断地学习。”

达特瑞说得一点也没错。你必须每天不断学习，调整你的思维方式。这样一来你所得到的效果才会超乎你的想象。这样的回报才是值得你改变习惯并付出努力的。

如果你经常保持着正面积极的想法，那么你就不用担心世界会对你产生负面的影响。乐观的、进取的、有建设性的想法在再次浮现时将会有助于你的成功，而且借着它们的出现会让你对所做的事情保持一种积极的态度。

就像机器零件在持续的使用之后会损耗而必须更换一样，头脑得不断地运作才会更加灵活。你越是经常锻炼它，它就会变得越有效率。倘若完全不加以使用，那么结果就会和停止使用的机器一样。即便再复杂、功能再强大的机械装置，或是再聪明的头脑，不加以运用终究会锈掉。

太早放弃，就是浪费时间

如果你参观过开罗博物馆，你会看到从图坦卡蒙法老王墓挖出的宝藏，令人目不暇接。庞大建筑物的第二层楼大部分放的都是灿烂夺目的宝藏：黄金、珍贵的珠宝、饰品、大理石容器、战车、象牙与黄金棺木，巧夺天工的工艺至今无人能及。如果不是霍华德·卡特决定再多挖一天，这些不可思议的宝藏也许仍在地下不见天日。

1922年的冬天，卡特几乎放弃了可以找到年轻法老王坟墓的希望，他的赞助者即将取消赞助。卡特在自传中写道：

这将是我们待在山谷中的最后一季，我们已经挖掘了整整六季了，春去秋来毫无所获。我们一鼓作气工作了好几个月却没有发现什么，只有挖掘者才能体会这种彻底的绝望感：我们几乎已经认定自己被打败了，正准备离开山谷到别的地方去碰碰运气。然而，要不是我们最后垂死地努力一锤，我们永远也不会发现这远超出我们梦想所及的宝藏。

霍华德·卡特最后垂死的努力成了全世界的头条新闻，他发现了近代唯一一个完整出土的法老王坟墓。

最浪费时间的一件事就是太早放弃，人们经常在做了90%的工作后，放开了最后可以让他们成功的10%，这不但输掉了开始投资，更丧失了经由最后的努力而发现宝藏的喜悦。很多时候，人们会开始一个新工作，学习新的技艺，然后就在成果出现之前失望地放弃。通常，任何新工作都有一段你懂得比周围人少的困难阶段。刚开始每件事情都要挣扎，但是过了一段时间，最初有压力的工作就会变得轻而易举了。你可能记得尝试学另一种语言的状况。如果你学了几个月就放弃，你学的多半远不够让你运用自如；但只要再多过几个月或几年，你也许就可以开口谈话、看书、看报纸了。

人们一生中的许多时间，常在跨过乏味与喜悦、挣扎与成功的重要关卡之前就放弃了。查尔斯·舒尔茨告诉拿破仑·希尔，他不是一夜成名的人。即使在他出版了有名的《花生米》漫画之后，《花生米》不是立刻就造成轰动，那是一段漫长艰辛的过程。大概过了4年之久，史努比（漫画中的主人公）才受到全国的瞩目，而真正建立地位则花了长达10年的时间。

泛而杂在生活中是致命的弱点

不会放弃的人，永远无法集中精力，专注于一个目标。

懂得放弃的人，深知生命中有太多的诱惑，因而把不值得追求的都抛弃掉，只追求一个目标，只认准一个方向。

成功与失败的最大区别不在于一个人做了多少工作，而在于他做了多少有意义的工作。相当多的人所付出的努力本来足以取得显赫的成就，但他们的含辛茹苦就像边建设边破坏一样，最后的结果仍然是支离破碎的一堆。他们能力不可谓不够，时间不可谓不多，但是他们用力推来推去的却是个空无一物的纺织机，真正的生活之网上一根线都没有挂上。

生活中总是有许多没有方向地四下张望的人，他们注定只会一无所获。如果我们没有明确而具体的奋斗目标，那么到手的也不会是明确而具体的东西。只有方向明确并全力以赴，我们才会有所收获。

蜜蜂不是落在鲜花上的唯一昆虫，但它是唯一采到蜜的昆虫。我们年轻时积累和学习了多少知识无关紧要，如果我们对自己将来的生活没有明确定位，那么知识本身就不能与客观环境进行很好的结合，知识本身就不能成为我们事业发展过程中有利的资本和基础。

一个不知道自己将驶向何处的水手，从来不会一帆风顺，更不会到达目的地。即使是最弱小的生命，一旦把全部精力集中到一个目标上也会有所成就。最强大的生命如果把精力分散开来，最后也将一事无成。水珠不断地滴下来，可以把最坚固的岩石滴透。湍急的河流一路滔滔地流过去，身后却没有留下任何的痕迹。

精通一件事情的人在这件事情上可以比其他任何人都做得出色，即使这件事只不过是种萝卜。如果他花了所有的心血来精心培植出最好的萝卜，那么，他就是“萝卜学”的宗师，并将得到人们的认可。

蝾螈被切成两截，前面一部分向前爬，后面一部分向后爬。就像某些目标游移不定的人。快速成长从来不会属于这种见异思迁、飘忽不定的人。

如果一个人集中所有的精力和心智去坚持不懈地追求一种值得追求的事业，那么，他的生命就绝不可能失败。把阳光聚焦在一点，在冬天也可以轻而易举地燃起一团火焰。

那些全力以赴、锲而不舍的人，他们一锤又一锤地敲打着同一个地方，直到实现自己的愿望。我们这个时代的领跑者永远属于那些在自己的领域无所不知，对自己的目标坚定不移，做事专心致志、精益求精的人。

“泛而杂”，在生活中是一个致命的弱点。有人可以用十种语言进行简单的对话，却不会用其中任何一种语言表达自己的观点。在我看来，这还不如把一种语言运用得游刃有余的好。

记住，年轻人的生命只有一个追求的目标，那就是快速成长，其他一切都可以放弃。

超越自卑感才是真正的成功者

“成功者”与“普通者”的性格区别在于，成功者充满自信、洋溢活力；而普通人即使腰缠万贯、富甲一方，内心却往往灰暗而脆弱。那么，他们的共同点又是什么呢？就是人类与生俱来的自卑感。

自卑是一种消极自我评价或自我意识，即个体认为自己在某些方面不如他人而产生的消极情感。自卑感就是个体把自己的能力、品质评价偏低的一种消极的自我意识。具有自卑感的人总认为自己事事不如人，自惭形秽，丧失信心，进而悲观失望，不思进取。一个人若被自卑感所控制，其精神生活将会受到严重的束缚，聪明才智和创造力也会因此受到影响而无法正常发挥作用。所以，自卑是束缚创造力的一条绳索。

1951 年，英国有一位名叫富兰克林的人，从自己拍得极好的 DNA（脱氧核糖核酸）的 X 射线衍射照片上发现了 DNA 的螺旋结构之后，他就这一发现做了一次演讲。然而由于生性自卑，又怀疑自己的假说是错误的，从而放弃了这个假说。1953 年在富兰克林之后，科学家沃森和克里克也从照片上发现了 DNA 的分子结构，提出了 DNA 双螺旋结构的假说，从而标志着生物时代的到来，两人因此而获得了 1962 年度诺贝尔医学奖。可想而知，如果富兰克林不是自卑，而坚信自己的假说，进一步进行深入研究，这个伟大的发现肯定会以他的名字载入史册。

可见，一个人如果做了自卑情绪的俘虏，是很难有所作为的。那么。人们为什么会产生自卑感呢？著名的奥地利心理分析学家 A·阿德勒在《自卑与超越》一书中提出了自有创见性的观点，他认为人类的所有行为，都是出自“自卑感”以及对于“自卑感”的克服和超越。阿德勒认为人人都有自卑感，只是程度不同而已。他说因为我们都发现我们自己所处的地位是我们希望加以改进的，人类欲求的这种改进是无止境的，因为人类的需要是无止境的。所以人类不可能超越宇宙的博大与永恒，也无法挣脱自然法则的制约，也许这就是人类自卑的最终根源。

当然，从哲学角度对人类整体状况分析，人类产生自由是无条件的，不过，对于具体的个人，自卑的形成则是有条件的。从环境角度看，个体对自己的认识往往与外部环境对他的态度和评价紧密相关。这点早已为心理学理论所证实。例如，某人的书法很不错，但如果所有他能接触到的书法家和书法鉴赏家一致对他的作品给予否定性评价，那就极有可能导致他对自己书法能力的怀疑，从而产生自卑。

把敬业变成习惯，保证一辈子受益

如果你能在工作中把敬业变成习惯，那么保证你一辈子都受益。

敬业就是敬重你的工作。在你的成长中敬业有两个层次，低一点的层次是拿了雇主的薪水，就要对雇主有个交代。高一点的层次，就是把工作当成自己的事，对自己的生命负责任。不管是哪个层次，敬业所表现出来的都是认真负责——一丝不苟，善始善终。

大部分的年轻人初进社会，做事都是为了雇主而做，就认为能混就混，反正老板亏了又不用我赔，甚至还扯老板后腿，事实上这对自己并没有什么好处。

敬业看起来是为了老板，其实是为了自己。敬业的人能从工作中学到比别人更多的经验，而这些经验便是你未来发展的踏板。就算你以后从事不同的行业，你的工作方法和好的工作习惯也必会为你未来助力。

把敬业变成习惯的人，从事任何行业都容易成功。

有的人天生就有敬业精神，任何工作一做就废寝忘食。有些人的敬业精神则需要培养和锻炼。如果你自认为敬业精神不够，那么就应趁年轻的时候强迫自己敬业——以认真负责的态度做任何事，直至它变成你的习惯。

敬业的人容易受人尊重，同事和身边的人也受你的影响而改变。

敬业的人容易受到提拔，老板或主管都喜欢敬业的人，因为这样他们可以减轻工作的压力。你敬业，他们求之不得。

把敬业变成习惯之后，也许不能为你带来立竿见影的效果，但可以肯定的是，不把“敬业”变成习惯的人，他的成就相当有限。因为他的散漫、马虎、不负责任的做事态度已深入他的潜意识，做任何事都会有“随便做一做”的直接反应，结果也就可想而知了。

千万不要总是对目前的工作漫不经心，也不要因为不怎么喜欢目前的工作而混日子，你应该趁此机会，磨炼、培养你的敬业精神，这是你的资产。

人生要么是冒险，要么什么都不是

你的人生即将会成为一次神奇之旅，它充满激动人心的时刻和令人惊异的经历。如果你在人生道路上能够不断尝试、勇于探索，那么你的人生将会显得惊心动魄。尝试和探索则是你愿意用刺激拥抱人生的结果。

一个学生请教他的老师，怎样做才能够学会老师所有的智慧。

老师笑了笑，从桌上拿起了一个苹果，放到嘴边，大大地咬了一口。老师望着他的学生，口中不断咀嚼着苹果，不发一言。

过了好一会儿，老师才又张开嘴，将口中已经嚼烂的苹果，吐在手掌当中。

老师伸出手，将已嚼烂的苹果拿到学生的面前，然后对着他的学生说：“来，把这些吃下去！”

学生惊惶地说：“老师，这……这怎么能吃呢？”

老师又笑了笑，说：“我咀嚼过的苹果，你当然知道不能吃，但为什么又想要汲取我的智慧的精华呢？你难道真的不懂？所有的学习，都必须经过你本身亲自去咀嚼的——”

苹果新鲜而甜美的滋味，是需要由你自己深刻来品尝与体会的。人生的品尝过程，除了你自己，没有任何人可以代劳。

只有自己在尝试的过程中不断反省、思考，才会体会到其中的快乐与幸福。

任何一次让你超越自己平稳、舒适生活的经历，都可被视为尝试。它可让你热血沸腾、心跳加快，令你渴望超越自我的极限。它使你的地平线得以延伸，并带你走入一个崭新而又令人兴奋的世界。

在那个世界里，想象自己年已古稀，然后回顾自己的一生。你想看到什么呢？你只会为你没有做过的事情而感到遗憾。我们当然不想有朝一日回过头来，发现自己的一生遍布遗憾。我们都想看到那种人生——尽是由尝试和冒险造就的美妙时光。

是的，人生要么是一次冒险，要么什么都不是。

我们必须牢记的奋斗真经

日本民间流传着这样一个动人的故事：

许多年前，一位妙龄少女来到东京帝国酒店当服务员。这是这位少女的第一份工作，因此她暗下决心：一定要好好干。但令少女想不到的是，上司竟然安排她去洗厕所。

这位少女肌肤细腻，喜爱洁净，从未干过粗重的活儿。当她用白皙细嫩的手拿着抹布伸向马桶时，胃里立马翻江倒海，恶心得想要呕吐，却又吐不出来。

上司要求少女必须把马桶擦洗得光洁如新，少女当然明白“光洁如新”的含义是什么，可她实在适应不了洗厕所这一工作。因此，她陷入无边的困惑、烦恼之中，甚至偷偷哭过鼻子。

少女面临着人生该怎样走下去的抉择：是继续干下去，还是另谋职业？继续干下去——太难了！另谋职业，知难而退——人生之路岂有退堂鼓可打？少女不甘心就这样败下阵来，因为她想起了自己初来时的决心，更知道人生第一步一定要走好，否则将后悔莫及！

正在这一关键时刻，公司的一位前辈及时出现在少女面前，帮助少女摆脱了困惑与烦恼。这位前辈一遍遍抹洗着马桶，直到马桶光洁如新。然后，他从马桶里盛了一杯水，一饮而尽！实际行动胜过万语千言，前辈不用任何言语便告诉了少女一个极为朴素的真理：光洁如新，要点在于“新”。新马桶里的水是不脏的，是可以喝的；反过来讲，也只有当马桶中的水达到可以喝的程度时，马桶才算被抹洗得“光洁如新”了。

前辈送给这位少女一个含蓄而富有深意的微笑，一束关注与鼓励的目光。而这时这位少女早已激动得不能自持。她目瞪口呆，热泪盈眶，从身体到灵魂都在震颤。从此，她痛下决心：“哪怕是洗厕所，我也要比别人洗得干净！”

从此，这位少女成为了一个全新的人，她的工作质量很快便达到了那位前辈的水平。她漂亮地迈出了人生的第一步，并开始了她不断走向成功的人生历程。几十年光阴一瞬而过，后来这位昔日的少女成了日本政府的邮政大臣。她的名字叫野田圣子。

“哪怕是洗厕所，我也要比别人洗得干净！”这是野田圣子成功的奥秘，也是我们必须牢记的奋斗真经。社会有分工不同，但工作无高低贵贱之分。哪怕是看上去再小再不起眼的工作，只要努力拼搏，辛勤耕耘，也一样可以作出成绩来。而我们若是抱着“即使洗厕所，也要比别人洗得干净”的念头来工作，这世界上就没有什么事情可以难倒我们，将我们的信念与意志摧毁！

努力做好身边的每一件小事，这样你才能拥有做大事的资本。

决心的价值在于行动

没能累积财富满足所需的人大多有个通病，就是耳根子软，容易受人左右。他们任由报纸杂志和街谈巷议来替自己思考。舆论是世界上最不值钱的商品。每个人都有一箩筐的看法，随时准备加诸接受的人身上。如果你下决心时受人左右，你就永远做不了决定。

亲戚朋友总是在无意之中，借着“意见”嘲弄取笑别人，其本意或许是幽默，结果则不然。你有自己的头脑和心智，好好运用，自己做决定。如果你需要别人提供资料详情才能下定决心，就要不动声色，悄悄取得所需的资料，探究事情的真相。

一知半解的人，总是爱给人留下无所不知的印象。这种人说得太多，听得太少。如果你想养成迅速做决定的习惯，就要免开尊口。话说得太多的人往往一事无成。如果你说的比听的多，就会向那些乐于打败你的人暴露自己的计划和目的。

在一个学养俱佳的人面前，你每次一开金口，就无异于向对方展示你的知识内涵。真正的智慧往往是在缄默谦和中彰显出来的。

别忘了一个事实，和你合作的每一个人都和你一样，也在追寻财富。如果你公开谈论自己的计划，别人就会先下手为强，把你的计划付诸行动。

为了提醒自己遵守奉行这一忠告，最好将如下警语用大字抄写在天天看得见的地方：

“让全世界的人知道你打算做什么，但是要先做一点成绩出来。”

“少说话，多做事才算数。”

林肯决心发表其著名的解放黑奴宣言，赋予美国黑人自由。在发表之初，林肯完全了解，此举将使得成千上万原先支持他的朋友和政界人士转而反对他。

苏格拉底宁可喝下毒药，也不愿意调整个人信念，正是凭借勇气所下的决心。此举使时代推进了1000年，赋予当时的人那时还未有的思想自由权和发言自由权。

生死一念间。决心的价值取决于下定决心所需的勇气，奠定文明根基的重大决策，往往要背负着生死存亡的风险，才能作出最后的决定。

遇到种种冲突时，如何抉择

培养良好的特质。让自己处在能够培养有益的思想、动机或习惯的环境之中。如果你所选择的环境，在一段合理的时间之后不见效果，就要寻求替代或改变。

为何会犯罪？一位研究人员说：“人需要在家庭教育之中，学习判断是非善恶。”

每个人生来都具有一些良好的特质，犯罪的种类有很多，基本的原因都是由于缺乏对人的道德与责任感。缺乏道德与责任感的原因则是缺乏罪恶感，良知被蒙蔽了。

是非对错有时候很难论定，尤其是道德的冲突。每一个人都难免每天会遇到种种冲突，所以必须有所抉择。他必须在应该做与想要做、个人的需求与社会的期待之间抉择。例如：

（1）对父母、对丈夫（或妻子）的爱和责任互相冲突。

（2）对某个人与对另外一个人的忠诚。

（3）对某个人与对组织（或社会）的忠诚互相矛盾。

乔治·强森的公司有一位推销员约翰·布雷克，乔治非常器重他，并给他《思考与致富》一书，促使他采取行动——错误的行动！约翰没有体会到书中真正的含义，而是断章取义，只对攫取财富有兴趣。他相信以成败论英雄，这种负面的心态使他误入歧途。

“乔治·强森就像我的父亲，我也把他当成父亲。”约翰说。然而，他却为了一己的私利，计划挖走公司的客户和业务员，投入竞争对手的公司。

约翰到同事的家中拜访，先要求他们信守承诺，不可以出卖他。接着他问：“你是否希望自己的收入加倍，生活更安定？”对方的回答总是：“没错！那要怎么做呢？”

布雷克回答：“你先答应不可以告诉任何人。你做得到吗？”

如果对方答应，他就开始游说他们跳槽，加入竞争对手的公司。

有些人拒绝了，只答应不把约翰的计划说出去，内心却挣扎不已。他们知道约翰的所作所为，将严重打击乔治·强森和他的公司。

有些颇具正义感的同事，试图规劝约翰，让他知道这种做法并不正确，他却执迷不悟。他们知道该怎么做：把实情告诉乔治·强森。他们选择继续对雇主忠诚。

支持做对的人，离开做错的人。

在道德互相冲突时，能够明辨是非，如此才是真正有勇气且忠诚。在你的生活中，也可能遇到很多这种冲突和矛盾的情形。你如何抉择？衡量的标准是：

只要你的良知不会产生罪恶感，就是对的。

一分钟时间内你能做什么

你是否曾经想过，在短短的一分钟里，你能做些什么？

美国的一位保险人员自创了“一分钟守则”，他要求客户们仅给他一分钟的时间，让他介绍自己的服务项目，若一分钟到了，他便会自动停止自己的话题，并感谢对方给予他一分钟的宝贵时间。由于他遵守自己的“一分钟守则”，所以他在自己一天的时间经营中，工作效率几乎和业绩成正比。

“一分钟到了，我说完了！”这是他在工作时，最常说的一句话。

因为信守一分钟的承诺，他的信誉在同行和客户中都很好，同时他也让客户了解到要珍惜这一分钟的服务。

富兰克林是一个非常珍惜时间的人。某次，他因不满对方占用他的工作时间而与对方有了这样的故事。在富兰克林报社前的商店里，有位犹豫不决将近一小时的男人终于开口问店员：“请问，这本书要多少钱？”店员回答：“1美元。”男人又问：“你能不能算便宜一点？”店员以坚定的口气说：“很抱歉！它的定价就是1美元。”

男人过了一会儿后又问：“富兰克林先生在吗？”虽然店员已告诉他富兰克林正在印刷室中工作，但他执意和富兰克林见面,因此店员不得不去请富兰克林到商店里来。

当富兰克林出现后，男人便问他：“富兰克林先生，这本书的最低价格是多少？”富兰克林不假思索地说：“1

美元 25 美分。”那男人大吃一惊：“可是就在一分钟前，你的店员说只要 1 美元。”

富兰克林回答说：“没错，但是我情愿倒贴你 1 美元，也不愿意离开我的工作。”言下之意即是那男人占用他的时间，所以需多付 25 美分。

那男人愣了一下，又说：“好吧，你说这本书最少要多少钱呢？”富兰克林说：“1 美元 50 美分。”男人一听，不禁大喊：“怎么又变成 1 美元 50 美分了？你刚才不是还说 1 美元 25 美分的吗？”

富兰克林冷冷地说：“对，不过我现在能出的最好价钱就是如此。”最后这个男人只好默默地把钱放在柜台上，径自拿起书离去。富兰克林为他上的一课——时间就是金钱，令其终生难忘。

善用时间是一件非常重要的事，倘若我们不能把一天的时间加以妥善的规划，就会白白浪费宝贵的光阴。根据经验显示，成功者与失败者在如何安排时间这一方面的差异十分明显。人们往往认为几分钟或是几小时并没有太大的不同，但事实上，即使是一分钟也能发挥很大的作用。富兰克林就曾说：“你热爱生命吗？那么别浪费时间，因为时间是组成生命的材料。”甚至还说过：“失败与成功的最大分水岭只有五个字——我没有时间。”

点滴的时间也许并不起眼，但是当其累积之后，却有着极大的价值。虽然有时我们感觉时间忽而飞驰、忽而踌躇不前，然而，只要我们赢得时间，就能赢得一切！

我成功，因为志在成功

成功是不假于人的，虽然每个人都拥有成功的条件，却不是人人都有机会品尝胜利的果实。

其实，成功与失败的分水岭，在于自己是否具有成功的愿望。只有想要成功的人，才会勇于接受任何考验，不会随便放弃希望。

我成功，因为志在成功，我未尝踌躇。

成功不是靠偶然的机遇赐予，也不是靠命中注定的贵人相劝，而是知道自己想要的是什么，知道如何达到这个愿望而采取行动，然后指导自己往成功的目标勇往直前。

可是，光有远大的目标还不够，应该随时鞭策自己，不能恃才而骄，或者以为没什么而随随便便，如此一来，成功仍是可望而不可即。

意大利杰出的艺术家达·芬奇，出生在律师家庭。他十七岁时进入著名画家、雕塑家和建筑师委罗基奥的画室学画。

委罗基奥是个严谨勤奋的艺术家，他也用这种态度来要求学生。第一次上课是学画蛋，接着一连好几天都一样。

画了好几天之后，达·芬奇认为自己画蛋的技巧已经很成熟，显得有点不耐烦，一直无法理解老师的用意。

看到达·芬奇不悦的表情，老师立刻瞧出他的心思，然后告诉他说："你别以为画蛋很简单、很容易，要是这样想就错了。即使是同一个蛋，如果变换一个角度去看，形状也就变得不同了，所以想要在画布上准确画好它，非得要下一番苦功不可……"

老师严格的指导，使得达·芬奇养成严肃认真的艺术观，每天不断地勤奋练习，不但在笔记本上画满了素描，从此也不敢轻忽任何的小步骤。

"即便又简单又好，还是要做得更好一些。"后来，达·芬奇写下这句话来激励自己，让他取得日后代表欧洲文艺复兴时期的最高艺术成就。

要做就做得更好，小事是一件非常容易做的事，我们不该心存轻视的态度，反而更要用心做好它，才不会因小失大。想要到达最高处，就要从最低处开始。小事虽然事小，却是成就大事的关键。

立即行动，可以实现你最大的梦想

如何让你的收入加倍？

克莱门特·斯通到亚太地区出差。一个星期二，斯通应澳大利亚墨尔本商会的邀请发表演说。星期四晚上，他接到一通电话。那是一家销售金属柜的公司经理爱德温·伊斯特。他兴奋地说："发生了一件奇妙的事情！"

"什么事？"

"你在星期二的演讲当中，推荐十本励志书籍，其中包括《思考与致富》。那天晚上我看了那本书，第二天早上我又看了很多遍。我在一张纸上写着：

"我的主要目标是，今年的业绩比去年加倍。奇妙的事情是，我在48小时内做到了。"

"你怎么做到的？"

伊斯特回答："你的励志演讲中提到保险公司业务员亚尔·艾伦的故事。你说，立刻去做！我找出十个已经被放弃的客户，分别提出更好的计划书。复诵数次‘立刻去做’。用积极的态度再度拜访这十位客户。结果，做成八笔大生意！”

伊斯特听过亚尔的故事之后，立刻身体力行。如果你还不知道该如何运用积极的态度，我们提醒你——立刻去做！

立即的行动，可以实现你最大的梦想！

曼利·史威兹喜欢打猎和钓鱼。他最大的快乐是带着钓竿和来复枪深入森林，几天之后才带着一身的疲惫和泥泞，心满意足地回来。

他唯一的困扰是，这项嗜好占去太多的时间。有一天，他依依不舍地离开宿营的湖边，回到现实的保险业务工作时，突然有一个想法。荒野之中，也有人需要购买保险。如此，他外出狩猎时，也一样可以工作！果然，阿拉斯加铁路公司的员工正是如此；散居在铁路沿线的猎人、矿工也都是他的潜在客户。

他立刻做好计划，搭船前往阿拉斯加。他沿着铁路来回数次，“步行的曼利”是那些与世隔绝的人们对他的昵称。他受到热切的欢迎，他不但是唯一和他们接触的保险业务员，更是外面世界的象征。除此之外，他还免费教他们理发和烹饪，经常受邀成为座上宾，享受佳肴。他在短短一年内，业绩突破百万美元，同时享受登山、打猎、钓鱼的无上乐趣，把工作和生活做到了最完美的结合！

如果他在梦想产生时，没有立刻行动，可能因为一再犹豫，无果而终。

立刻去做，可以应用在人生的每一个阶段。给自己一封信。坐下来写一封信给你自己，说一说你想做的事情和计划。立刻去做！

只要你迈出一步，你离成功就近一步。

不论你现在如何，用积极的心去行动，你都能达到理想的境地。

辑七

唯有你，才能让你的人生更靠谱

透过适合自己眼睛的眼镜看世界

在19世纪，曾有一位著名的主教周游全国，多次和宗教界、科学界的名人聚会。有一次，他收到一位大学校长发来的信，邀请他去参加一个上流社会的晚宴。宴会结束后，客人们又来到了大厅中，壁炉里透出温暖的火光，空气中弥漫着香槟美酒和雪茄烟的芳香，各位上流社会的中流砥柱们纷纷就“未来”这个话题发表着高论。当被问及对“未来”的看法时，主教的表情立即严肃了起来，脸上一直挂着的笑容也骤然消失了：“我认为未来的前景很暗淡。我们已经发现、发明、创造了一切过去需要发现、发明以及创造的事物。我现在所能看到的就是我们正处于自我毁灭之路上，我们正在走向自我没落。”

听了这番耸人听闻的言论之后，大厅内一片寂静。这时，那位大学校长开口了，“亲爱的主教，很抱歉，我不能不反驳阁下的观点。我绝对不能接受这种认为我们人类处于毁灭边缘的看法。恰恰相反，我认为科学在继续进步，经济在持续发展，富裕安康的新时代即将来临。我相信，我们可以期待的未来比以往任何一个时刻都要光明。我绝不想伤害您，阁下，但我的确坚信，我们今天所梦想的将在明天成为现实。”

主教十分惊讶，因为还从未有人如此反驳过他。“那么，究竟什么梦想可以成真呢？”“我相信，有那么一天，人类可以学会像鸟一样飞翔……也许甚至可以飞向蓝天白云之中。”“您一定是疯了！”主教喊了起来：“只有天使才有翅膀！”说完这句话，主教大人便结束了讨论，怒气冲冲地离开了大厅，宴会也就此不欢而散。这个主教的名字就是比尔·瓦特。而几十年之后，正是他的侄子奥威尔和威尔布在微风轻拂的盐湖湖畔实现了人类的飞翔之梦。

如果你说这只是个“例外”，可人类所取得的巨大成就恰恰正在使这些“例外”成为现实。

在一个人取得成功之前，他的梦想总被斥之为胡思乱想。而当他取得成功之后，他就成为了天才！

成功的关键不在于是否可行，而在于是否敢想。

为了能使伟大的梦想成为现实，我们需要一种毫不动摇的乐观主义精神。这个世界是什么样的并不重要，重要的是我们怎样看待它。对于同样的情况，乐观主义者作出的判断以及所采取的行动绝对不同于悲观主义者，尤其是当事情的发展进程不像原先所计划的或者所期待的那样时。

在印度有一句十分贴切的谚语：“每个人都是透过适合自己眼睛的眼镜看世界的。”

在这个世界上，你是独一无二的

人无完人，你就是你自己。无论是做大事还是处理日常生活中的小事都必须有真正的自我。

有一位漂亮的公主，从小被巫婆关在一座高塔里。巫婆每天对她说：“你的样子丑极了，见到你的人都会害怕。”公主相信了巫婆的话，怕被别人嘲笑，而不敢逃走。直到有一天，一位王子经过塔下，赞叹公主貌美如仙并救出了她。

实际上，囚禁公主的并不是什么高塔，也不是什么巫婆，而是公主认为“自己很丑”的错误认识。我们或许也正被他人所蒙蔽。比如，父母、老师说你笨，没有前途，你也就相信了，自卑了。这不正如那位公主一样蠢吗？

有人认为得了不治之症是人生最大的悲剧，也有人认为没考上大学是人生最大的不幸。其实，我们最大的悲剧与不幸在于我们活着却不知自己有多大的潜能和应该做什么，不懂得用自己的方法处理自己的问题，却很容易人云亦云。

认清自己，就知道自己适合做什么，不适合做什么，长处是什么，短处是什么，从而做到自知，在社会中找到自己恰当的位置和符合自己条件的办事方式，使自己的天赋、能力得到充分的开发和利用。

卓别林开始拍电影时，导演坚持要他去学当时非常有名的一位德国喜剧电影演员的风格。卓别林久久尝不到成功的滋味，非常苦恼。后来他意识到，必须保持自己的本色。经过不懈的努力，他终于创造出一套自己的表演方法而名垂青史。美国歌星金·奥特雷刚出道时，极力想改掉他得州的乡音，使自己像个城里的绅士，结果却受到大家的耻笑。后来，金·奥特雷终于醒悟过来，开始利用自己的音色唱西部歌曲，终于一举成名。索凡石油公司人事部经理迈克尔曾接待过 6 万多个求职者，在他的《谋职的六种方法》一书中，他指出：来求职的人所犯的最大错误就是不保持本色。他们不以真面目示人，不能完全坦诚地回答你的问题。可是这种做法一点用也没有。因为没有人愿意要伪君子，正如没有人愿意收假钞票一样。

在美国一所学校的一间教室的墙上，刻着这样一句话："在这个世界上，你是独一无二的。生下来你是什么？这是上帝给你的礼物；你将成为什么？这是你给上帝的礼物。"

"上帝"给你的礼物我们无法选择，你给"上帝"的礼物——你将成为什么样的人，却全由你自己创作，主动权在你自己手里。只要我们懂得认识自我，接纳自我，坚持自我，并不断地激励自我，控制自我，我们就能完善自我，超越自我！

很多人并不缺乏机会和才华，但却因缺少对自己的认识和对自己的坚持，而与成功失之交臂。意大利著名的皮衣商安东尼·迪比奥在谈到自己成功的经验时不无感慨地说："我并不是一个天生的成功者，许多人都比我更聪明、更有才华。我唯一比他们强的只不过是我更懂得坚持自己而已。"

在这个世界上，每个人都可以获得成功，但不同的人的成功方法显然是不一样的。只有认识自我、驾驭自我、超越自我，你才能战无不胜，从平庸走向成功！

只要你想做好，就一定会做好

信念可以是创造，也可以是破坏，就看你从哪种角度去思考。

哈佛大学最杰出的心理学教授威廉·詹姆斯曾说："几乎不论任何课程，只要你对它满怀热忱，你必定会为了它废寝忘食。倘使你对某项结果十分关心，你自然会获得成功。如果你想做好，你就会做好。若是你想学习，你就会去学习。"

信念不是自然生成的，而是我们从过去的经验中累积学会的，它是我们生命中活力的来源，指引着我们人生的方向，决定我们人生的价值。

有这样一个故事：一个冷酷无情、嗜酒如命且毒瘾甚深的人，有好几次差点把命都给丢了。一次，因为看不顺眼酒吧里的一个服务员而犯下杀人罪，被判终身监禁。他有两个儿子，年龄相差一岁，其中一个跟他老爸一样有很重的毒瘾，靠偷窃和勒索为生，后来也因犯了杀人罪而坐牢；另外一个儿子就不一样了，他是一家大企业分公司的经理，婚姻幸福美满，有三个可爱的孩子，既不喝酒更不吸毒。为什么有同一个父亲，在完全相同的环境下长大，两个人却会有如此不同的命运呢？在分别的私下访谈中，有人问起造成他们现状的原因，两人竟然说出相同的答案："有这样的老子，我还能有什么办法？"不同的是，哥哥无奈地接受环境，而弟弟则不甘心地改变环境。

我们经常会认为一个人的成就深受环境影响，有什么样的环境就有什么样的人生。这实在是荒谬极了，影响我们人生的绝不是环境，也不是机遇，而是要看我们对这一切抱着什么样的态度。

不是环境也不是机遇能够决定一个人的一生，而得看他们对于这一切赋予什么样的意义，也就是说他如何认识自己，这不仅会决定他的现在也决定他的未来。你的人生到底是喜剧收场还是悲剧落幕，是多姿多彩还是平淡无奇，就全在于你到底抱着什么样的人生观。

信念何以对我们的人生产生这么大的影响？事实上，信念可算作我们人生中追求快乐、避开痛苦的力量。当一件事情发生时，脑海里会自然浮现两个问题：一是这件事对我是快乐还是痛苦（或者说是好还是坏），二是此刻我得采取什么行动，才能避开痛苦或得到快乐。这两个问题的答案如何，就全要看我们以何种角度来思考。

不要小看经验，累积的经验往往会左右我们的决定，或者使我们选择熟悉的事物，或者使我们“有把握”敢去做一件从未做过的事。若欠缺这种把握感，生活中就有很多事我们不敢去做了。可以说，经验能使我们的生活变得简单，让我们勇于尝试。然而，经验所给予我们的这种把握感，常常会使我们产生“自我设限”的想法。

有什么样的目标，就有什么样的人生

有什么样的目标，就有什么样的人生。这是真谛，也是无数人证明过的公理。

对于一个正在发展中的人来说，你今天站在哪个位置并不重要，但你下一步迈向哪里却很关键。

我们都不能延长生命的长度，但却可以扩展生命的宽度。

或许你觉得现在的地位是多么卑微，或者从事的工作是多么的微不足道，但是只要你强烈地渴望攀登成功的巅峰，并愿意为此付出艰辛的努力，那么总有一天你会喜笑颜开，如愿以偿。

在任何年代，任何国家，社会结构都接近一种金字塔状。大量的人处在金字塔的底部，只有一小部分人处在金字塔的顶部。处在底层的人们每天辛辛苦苦地工作，但却只能勉强维持自己的生活。而处在塔顶的人则是蒸蒸日上，发展前途不可限量。大量的人只能做普通的工作，有普通的收入，少数人在高层做决断，享受财富。然而人们往往忽视了，这些身处顶端的人，曾经也处在底部，是一个默默无闻的小职员，他们是一步一步地攀上了金字塔的顶部。

为什么偏偏是他们达到了众人瞩目的高度呢？

上帝对每个人都是公平的，希尔顿、洛克菲勒并不比任何人拥有更多的时间，那么他们的成就又从何而来？差距就在于眼光的高度，在于人生的目标！

绝大多数人的一生都在平庸中度过，尽管他们并非像想象中那样懒惰闲散、好逸恶劳，甚至好吃懒做，他们中间的很多人甚至是勤勤恳恳的，但是他们只能扮演无足轻重的次要角色，其根本原因在于他们缺乏真正的内动力。社会的要求，别人的约束，使他们对待本职工作还算尽职尽责，但是他们却很少去想怎样才能够让自己的人生有翻天覆地的变化。也就是说，生活中的大多数人，都是没有目标的人。一个没有目标的人，又怎么能够做到优秀，做到成功呢？

哈佛大学曾做过一个著名的实验：

在一群智力与年龄都相近的青年中进行了一次关于人生目标的调查，结果发现：3%的人有十分清晰的长远目标；10%的人有清晰但比较短期的目标；60%的人只有一些模糊的目标；27%的人根本没有目标。

25年后，哈佛大学再次对他们做了跟踪调查，结果令人十分吃惊！

那3%的人全部成了社会各界的精英，行业领袖；那10%的人都是各专业各领域的成功人士，生活在社会的中上层，事业有成；那60%的人大部分生活在社会中下层，胸无大志，事业平平；那27%的人过得很不如意，工作不稳定，入不敷出，常常抱怨社会，抱怨政府，怨天尤人。

如果我们回溯历史，就会更加明显地感受到这个道理。成就，永远是由那些拥有崇高志向的人创造的。像莱特兄弟一样伟大的发明家，或者像曼德拉这样的社会改革家，他们都以追求卓越为自己的终身目标，是目标将他们推升到金字塔的顶部。

挡住年轻人前进步伐的，不是贫穷或者困苦的生活环境，而是内心对自己的怀疑。如果有了坚定不移的目标，即使贫穷到买不起一本书，仍然可以通过借阅来获得知识。

我们无法想象一个胸无大志的人会创造一番业绩，我们也同样无法想象一个像林肯、威尔逊或李嘉诚一样的人，会埋没在茫茫人海中。他们经历过一次次的失败，但是因为有梦想，从不放弃努力。梦想，造就了他们强烈的内动力，也造就了他们成功的人生。

微笑面对世界，世界会微笑迎接你

威廉·怀拉是美国推销寿险的顶尖高手，年收入高达百万美元。他的秘诀就在于拥有一张令顾客无法抗拒的笑脸。那张迷人的笑脸并不是天生的，而是长期苦练出来的。

威廉原来是全美家喻户晓的职业棒球明星，到了40岁因体力渐衰而被迫退休，而后去应征保险公司推销员。

他自以为以他的知名度理应被录取，没想到竟被拒绝。人事经理对他说："保险公司推销员必须有一张迷人的笑脸，而你却没有。"

听了经理的话，威廉没有气馁，立志苦练笑脸。他每天在家里放声大笑百次，邻居都以为他因失业而发神经了。为避免误解，他干脆躲在厕所里大笑。

经过一段时间练习，他去见经理。可经理说："还是不行。"

威廉不泄气，仍旧继续苦练。他搜集了许多公众人物迷人的笑脸照片，贴满屋子，以便随时观摩，还买了一面与身体同高的大镜子摆在厕所里，是为了每天进去大笑3次。隔了一阵子，他又去见经理，经理冷淡地说："好一点了，不过还是不够吸引人。"

威廉不认输，回去加紧练习。有一天，他散步时碰到社区的管理员，很自然地笑了笑跟管理员打招呼，管理员对他说："威廉先生，你看起来跟过去不太一样了。"这句话使他信心大增，立刻又跑去见经理，经理对他说："是有点味道了，不过那仍然不是发自内心的笑。"

威廉不死心，又回去苦练了一段时间，终于悟出"发自内心如婴儿般天真无邪的笑容最迷人"，并且练成那张价值百万美元的笑脸。

微笑是一种富有感染力的表情，对人微笑就是向他人表明，"我喜欢你，看到你我很快乐。"它证明你内心不带虚饰的自然的喜悦，你的快乐情结马上会影响你周围的每一个人，给他人留下一个良好的第一印象。

世界上没有人会愿意见到一个脸上布满阴云的人，所以，你带给人们最好的一份不花钱的礼物就是发自内心的微笑。

微笑是人际关系的润滑剂。在与人交往的过程中，微笑代表着你对周围人群的好感与友善。常常面带笑容，能让人们感到你是一个可以亲近的人，同时他人也可以在同你的互动过程中获得肯定与慰藉。世界上的语言有千百种，而笑容既是全世界共同的语言，也是最受欢迎的语言，所以松下幸之助说："推销时，即使一枚卡片的赠品，顾客也会高兴，如果没有随赠之物，笑脸亦是最好的礼物。一个发自内心的笑可以拉近人与人之间的距离，因为我们的笑容，我们和朋友亲近了，人缘变好了，心情自然愉快，更可以在朋友的笑容里充实我们的自信心，使自己更具有魅力和光彩。"

一个脸上缺少笑容的人必定是一个冷漠、自闭的人。不论是忧伤或者快乐的表情，都会传染他人，因而，与其冷若冰霜，不如展露笑颜——当你微笑着面对这个世界时，这个世界也在微笑着迎接你……

什么方法可以成为世界一流人物

对于想成就大事的人来说，勤奋是最好的人格资产。

毫无疑问，懒惰者是不能成大事的，因为懒惰的人总是贪图安逸，若是察觉有点风险可能就吓破了胆。另外，懒惰者缺乏吃苦耐劳的精神，总妄想天上掉下来的礼物。但对成功者而言，他们不相信伸手就能接到天上掉下来的礼物，而是相信勤奋者必有所获，相信“勤能补拙”这句话的深刻含义。

有些人总是责怪命运的盲目性，其实命运本身并没有那么盲目。命运掌握在每个人的手中，尤其是那些勤劳工作的人，只有付出，才会有回报。正如只有优秀的航海家才能驾驭大风大浪一样，不识水性的人又怎么会有这项才能呢？由人类历史上的那些成功人物身上即可窥知一二，在他们成就一番伟业的过程中，一些性格上的小优点，如专注力、持之以恒等，往往在他们的事业上发挥很大的影响力。即使是天才也不能小看这些性格优势所产生的巨大作用，一般人就更不用说了。

有人认为天才不过是教育界的无谓炒作。一位大学校长认为天才就是不断努力的能力。约翰·弗斯特认为

“天才就是点燃自己的智慧之火”，波思则认为“天才就是耐心”。

牛顿被公认为世界一流的科学家。当有人问他到底是用什么方法创造那些非同小可的理论时，他诚实地回答道：“总是思考着它们。”还有一次，牛顿这样陈述他的研究方法：“我总是把研究的课题放在心上，并反复思考，慢慢地，起初的灵光乍现终于一点一点地变成了具体的研究方案。”

正如其他有成就的人一样，牛顿也是靠勤奋、专心致志和持之以恒才取得成功的。放下手头的这一课题而从事另一课题的研究，这就是他全部的娱乐和休息。牛顿曾说过：“如果说我对社会民众有什么贡献的话，完全只因勤奋和喜爱思考。”

罗伯特·皮尔正是由于养成了勤奋的工作态度，才成了英国参议院中的杰出人物。当他年纪很小的时候，他父亲就让他站在桌子边练习即席背诵、即席作诗。首先，他父亲让他尽可能地背诵些格言警句。当然，刚开始并没有多大的进展，但日子久了，他也能逐字逐句地背诵出那些格言的全部内容。日后他在议会中常常以无与伦比的演讲艺术驳倒论敌，这实在令人佩服。但几乎没有人知道，他在论辩中表现出来的惊人记忆力正是他父亲早年对他严格训练的结果。

在一些最简单的事情上，反复的磨炼确实会产生惊人的效果。拉小提琴看起来十分简单，但要达到炉火纯青的地步绝对需要多次辛苦的练习。有一名年轻人曾问小提琴大师卡笛尼学拉小提琴要多长时间。卡笛尼回答道："每天 12 个小时，连续坚持 12 年。"

一点点进步都是得之不易的，任何伟大的成功都不可能唾手可得。许多著名的科学家和发明家所拥有的都是勤奋刻苦的人生。对于想成就大事的人来说，勤奋是最好的人格资产。谁能不停止勤奋的脚步，谁就能够像种子不断从大地汲取营养那样，不断地向成功的顶端靠近。

不忙时，听听德兰修女的传世名言

这是一个真实的故事，讲的是德国第二次世界大战以后的事情。一个纳粹战犯被处决了，他的妻子因为无法忍受众人的羞辱，吊死在自家窗户外面。第二天，邻居们看见了那个可怜的女人。窗户开着，她两岁大的孩子正伸出手向悬挂在窗框上的母亲爬去。眼看另一场悲剧就要发生了，人们屏住了呼吸。这时，一个叫艾娜的女人不顾一切地向楼上冲去，把危在旦夕的孩子救了下来。她收养了这个孩子，而她的丈夫，曾经因为帮助犹太人被这个孩子的父亲当街处决。街坊邻居们没有人理解她，甚至没有人同意让这个孩子留在他们的街区，他们让她把孩子送到孤儿院或者把孩子扔掉。艾娜不肯，便有人经常地向她家的窗户扔秽物、辱骂她。她自己的孩子也不理解她，动不动就离家出走，还和同伴一起向母亲扔石头。可是，艾娜始终把那个孩子紧紧抱在怀里，她说得最多的话就是："你是多么漂亮啊，你是个小天使。"

渐渐地，孩子长大了，邻居们的行动已经不那么偏激了，但是还是常有人叫他"小纳粹"，同龄的孩子都不跟他玩。他变得性格古怪，常常以破坏他人财产为乐。直到有一天他打断了一个孩子的肋骨，邻居们瞒着艾娜把他送到十几里外的教养院。

半个月后，几乎快发疯的艾娜终于找回了孩子。当他们再一次出现在愤怒的邻居们面前时,艾娜紧紧护着孩子，嘴里喃喃自语："孩子无罪。"

孩子就是在那时才知道自己的身世，他痛哭流涕、悔恨万分。艾娜告诉他，最好的补偿就是真心地帮助大家。

从此以后，他发愤图强，样样事都做得很好。最主要的是，他变得无比关心人。到他中学毕业时，收到了他一生最好的礼物：邻居们每家都派了代表来观看他的毕业典礼。

一位女性的悲悯情怀，拯救了一个年幼、无辜的孩子。悲悯是人类惺惺相惜的情感，有了这份情感，世界才不至于冷酷无情到如一片荒凉的沙漠。

曾获诺贝尔和平奖、受全球敬仰的德兰修女，因为死期与戴安娜王妃接近，于是有人拿她们两人来相提并论，可是她们却是截然不同的两种类型。

德兰修女并没有戴妃的绝代风华，她的个子瘦小，其貌不扬；她有的只是一颗美丽的心。戴妃在安全设备十足的医院里跟艾滋病人握手，会有人拍下照片登在报上，让人歌颂她的爱心；可是德兰修女却不知多少回在肮脏、污秽的街道拥抱那些患皮肤病、传染病，甚至满身脓疮的垂死病人，把他们带回自己的住处，照顾他们、安葬他们。

很多人提起德兰修女的时候，都会觉得她是个伟大的人，和她对比，自己是卑微无能的，不可能像她，也不可能做她所做的事。可是在一次聚会上，有人忽然又提起她，且引用了她的一句话来勉励我们："德兰修女说过一句话：我们都不是伟大的人，但我们可以用伟大的爱来做生活中每一件最平凡的事。"这句话令人深思。

关爱他人、帮扶弱者，这本身就是一个人应该具备的基本品质。

让我们重拾丢失已久的悲悯情怀，在帮助别人的同时，自己的生活也会感到充满美好和幸福。

这个人为什么还能如此平静和快乐

乔达摩生于公元前 6 世纪，他的父亲是释迦族国王。国王为了让王位后继有人，禁止乔达摩离开皇宫，并以宫廷无尽的奢华和享受诱惑他，极力把他同任何不幸的事物隔开。

然而，有一天，乔达摩终于走出了皇宫。他坐在皇家马车中，车外的景象使他惊呆了——一个他从没见过的非常衰老的女人。继续前行，他又遇到一个奄奄一息的病人和一个没有双腿、在路边行乞的残疾人。乔达摩吃惊地领悟到，每个人都会受到病痛的折磨。后来，他们又遇到了一列抬着尸体的送葬队伍。当乔达摩知道每个有生命的物体都会死去时，他感到深深的震惊。

就在乔达摩心绪不宁，被病、老、死所困时，他遇到了一个老人。老人注视着他，并对他平静地微笑。

“生活在人世的苦海中，这个人为什么还能如此平静和快乐？”乔达摩惊问。

“他是一位圣者，”赶车人答道，“他已经获得了真理，并因此得到了解脱。”

这些新的发现，唤起了乔达摩内心深处对人类的深刻同情，以及对现在受到庇护的特权的厌恶。这些使乔达摩越来越感到强烈的不安。

虽然乔达摩此时已经是一个好丈夫、好父亲，但在他的思想深处，有着无法终止的不完美的感觉，有着对不幸的人们的不断增长、难以抗拒的“同体大悲”。乔达摩认真倾听自己内心深处的声音后，决定离家修行。他带着解脱生死的宏愿，为获正果，矢志不渝，毅然抛弃了自己熟悉和钟爱的一切，开始了求道生活。那年，他才29岁。

出家后，乔达摩过着同以往完全不同的生活。他先后向两位大师学习，接受苦行修炼，努力通过苦修与无为来寻求人生真理。经过多年修行，乔达摩最后终于在菩提树下修成正果，进入了高深的境界。自此，乔达摩成为佛陀（觉悟者），人们称他为释迦牟尼——释迦族的圣人。

我们并非要求每个人都像乔达摩一样，去做出家修行的僧侣，我们只是建议大家应该选择一个宁静的时刻，检视自己的心灵，即抛开世俗世界的声音，只倾听自己的心声，听听它想要追求的究竟是什么。

在现代社会中，所有的人都显得很忙碌。我们被竞争挤压着，争着读书，争着工作，争着赚钱，争着出国。殊不知，在众多的压力下，我们不知不觉间离真正的快乐，甚至真正的生活越来越远。

弗洛伊德说："人们常常运用错误的判断标准——他们为自己追求权力、成功和财富，并羡慕别人拥有这些东西。他们低估了生活的真正价值。"是的，与存在于我们内心的东西相比，周围的一切其实都是微不足道的。可是，人类具有一种先天性的趋同心理，觉得即使是无聊的事情，如果是大家一起去做也会显得有意思许多。因此，我们往往不怕自己错了，而深深地害怕只有自己一个人错了，也就是孤独地错。所以，当希特勒站在他的士兵们面前说"为我们的民族而战"时，如果有一个人立刻站出来说："我不想去。"那么，他便是真正的勇士——因为，这需要不可估量的勇气！

坚持灵魂的方向，不要背叛自己的心！

祈求什么，你的人生中就会出现什么

凡有的，还要加给他叫他多余；没有的，连他所有的也要夺过来。

这句话出自耶稣之口，确切地表达出了“因果法则”的内涵。一个已拥有些许的人，其生活铭刻上了富裕的烙印，并被这活生生的想法条件化，那么他会不断地发展这种与物质现状相符的想象。富裕环境会感染他的思想与态度，并再度作用于他本身。结果是——富裕的人总是更富裕，健康的人总是更健康，快乐的人也更快乐。同样显而易见的是，一个富裕的社会能够持续增加富裕程度，一个富裕的国家也持续不断地更加富裕。

与此相反，那些精神世界贫乏的人则大多受到负面现实的印刻作用。一般来说，穷人会越来越穷，病人会越来越容易生病，消沉的人则越来越消沉。

或许你还从未研究过贫穷与富裕、疾病与健康、不幸与幸福的状况吧？

如果一个人的外部环境富裕，那么其内在环境——思想境界也是丰富的；如果一个人的外在状况是病态的，那么其内心世界——思想境界也是病态的。你一定见过这种事情：光吃药并不能帮助人恢复健康。药片也许只能减轻症状，甚至使症状全部消失，却不能解决精神上的“因”。

对于你所祈祷与请求的一切，你们只需相信自己已经得到了它，那么它终将成为你们的一部分。

你祈求什么，在你的人生中就会出现什么。为什么你的祈求会在生活中兑现？

很简单：因为你相信这一点！这并不是说，你只需要简单地祈求，便可以心想事成。千百万的人们都曾犯过这种错误。起决定作用的是，你是否在祈祷的同时也坚信愿望将能够成为现实！如果你坚信这一点，那么“因果法则”就会兑现：你将得到它。

你需要从“外部”来对自己的生活进行分析，借此来认知自己的“内部”状态。如果你在财政方面遇到问题，那么就应该思考一下你对金钱、财富、富有的兴趣如何。也许你已经被负面的信念条件化了，认为无论自己付出怎样的勤奋努力，都无法使自己在金钱上有所保障，更无法达到满足与自由支配的程度。你的“外部状态”总是你的“内部状态”的反射，这个“内部”就是你的思想，你的态度、你的条件化、你的“编程”。

生活首先是实现了的想法。成功源于“追随”，成功追随着思想出现。我今天所拥有的一切、我所有的“好状态”是我自己创造出来的。

许多勤奋的人都在消极意识中活着，他们认为自己不可能成功。那么会发生什么事呢？其结果便是他们真的没有成功。这个结果又反过来证实了他们的信条是正确的。

是的，“现实”不断地证实那些自己作为信条去固守的事情。

实现梦想的途径：信心加上行动

信心加上行动，这就是实现自己梦想的途径。用信心支撑你的行动，用行动证明你的信心。你会拥有更多的机会。

1968 年的春天，罗伯·舒乐博士立志在美国加州用玻璃建造一座水晶大教堂。他向著名的设计师菲力浦·约翰森表达了自己的构想："我要的不是一座普通的教堂，我要在人间建造一座伊甸园。"

约翰森问他预算，舒乐博士坚定却明快地说："我现在一分钱也没有，然而100万美元与400万美元的预算对我来说没有区别。重要的是，这座教堂本身要具有足够的魅力来吸引捐款。"

教堂最终的预算为700万美元。700万美元对当时的舒乐博士来说是个不仅超出了能力范围，甚至超出了理解范围的数字。

当天夜里，舒乐博士拿出一页白纸，在最上面写上"700万美元"，然后又写下10行字：

（1）寻找1笔700万美元的捐款。

（2）寻找7笔100万美元的捐款。

（3）寻找14笔50万美元的捐款。

（4）寻找28笔25万美元的捐款。

（5）寻找70笔10万美元的捐款。

（6）寻找100笔7万美元的捐款。

（7）寻找140笔5万美元的捐款。

（8）寻找280笔2.5万美元的捐款。

（9）寻找700笔1万美元的捐款。

（10）卖掉 10000 扇窗，每扇 700 美元。

60 天后，舒乐博士用水晶大教堂奇特而美妙的模型打动了富商约翰·可林，他捐出了第一笔 100 万美元。

第 65 天，一位倾听了舒乐博士演讲的农民夫妇，捐出了 1000 美元。

90 天时，一位被舒乐孜孜以求精神所感动的陌生人，在生日的当天寄给舒乐博士一张 100 万美元的银行本票。

8 个月后，一名捐款者对舒乐博士说："如果你的诚意与努力能筹到 600 万美元，剩下的 100 万美元由我来支付。"

第二年，舒乐博士以每扇 500 美元的价格请求美国人认购水晶大教堂的窗户，付款的办法为每月 50 美元，10 个月分期付清。6 个月内，1 万多扇窗户全部售出。

1980 年 9 月，历时 12 年，可容纳 1 万多人的水晶大教堂竣工，成为世界建筑史上的奇迹与经典，也成为世界各地前往加州的人必去观赏的胜景。

水晶大教堂最终的造价为 2000 万美元，全部是舒乐博士一点一滴筹集而来的。

不要为金钱放弃家庭、荣誉、健康

马登在7岁时就成了孤儿，这时他不得不自己去寻找住宿和饮食。早年他读了苏格兰作家斯玛尔斯的《自助》一书。斯玛尔斯像马登一样，在孩提时代就成了孤儿，但是，他找到了成功的秘诀。《自助》一书中的思想种子在马登的心中形成了炽烈的愿望，发展成崇高信念，使他的世界变成了一个值得生活得更美好的世界。

在1893年经济大恐慌之前的经济繁荣时期，马登开办了四个旅馆。他把这四个旅馆部委托给别人经营，而他自己则花许多时间用于写书。实际上，他要写一本能激励美国青年的书。正如同《自助》过去激励了他一样。正当他勤奋地写作时，令人啼笑皆作的命运捉弄了他，也考验了他的勇气。

马登把他的书叫作《向前线挺进》。他采用的座右铭是："需要把每一时刻都当作重大的时刻，因为谁也说不准何时命运会检验你的品德，把你置于一个更重要的地方去！"

就在这个时候，命运开始检验他的品德，要把他安排到一个更重要的地方去了。

1893 年的经济大恐慌袭来了。马登的两家旅馆被大火烧得精光，即将完成的手稿也在这场大火中化为灰烬。他的有形财产都付诸东流了。

但是马登具有 PMA（积极的心态）。他审视周围，看看国家和他本人究竟发生了什么事。他的第一个结论是：经济恐慌是由恐惧引起的，诸如恐惧美元贬值、恐惧破产、恐惧股票的价格下跌、恐惧工业的不稳定等。

这些恐惧致使股票市场崩溃。567 家银行和贷款信托公司以及 156 家铁路公司都破产了。失业影响了数以百万计的人们，而干旱和炎热，又使得农作物歉收。

马登看看周围物质上的和人们心灵上的废墟，觉得有必要来激励他的国家和人民。有人建议他自己管理其他两个旅馆，他否定了。占据他身心的是一种崇高的信念。马登把这种信念同积极的心态结合在一起,又着手写一本书。他的新座右铭是：“每个时机都是重大的时机。”

他告诉朋友们说：“如果有一个时候美国很需要积极心态的帮助，那就是现在。”

他在一个马厩里工作，只靠 1.5 美元来维持每周的生活。他日以继夜不停地工作，终于在 1893 年完成了初版的《向前线挺进》。

这本书立即受到了热烈的欢迎。它被公立学校作为教科书和补充读本，它在商店的职工中广泛传播，它被著名的教育家、政治家以及牧师、商人和销售经理推荐为激励人们采取积极心态的最有力的读物。它以25种不同的文本同时发行，销售量高达数百万册。同时，马登也成了一个百万富翁。

马登和我们一样，相信人的品质是取得成功和保持成果的基石，并认为达到了真正完满无缺的品质本身就会成功。他指出了成功的秘密，他追求金钱，但是他反对追逐金钱和过分贪婪。他指出有比谋生重要千倍的东西，那就是追求崇高的生活理想。

马登阐明了为什么有些人即使已成为百万富翁，但仍然是彻底的失败者，那些为了金钱而牺牲了家庭、荣誉、健康的人，一生都是失败者，不管他们可以聚敛多少钱财。

他教导我们，崇尚金钱是一种优良品质，但不要过分沉溺于其中，不要贪财，也不要吝啬。